养殖场兽药规范使用手册系列丛书

鸭场
兽药规范使用手册

中国兽医药品监察所
中国农业出版社
组织编写

舒　刚　李俊平　主编

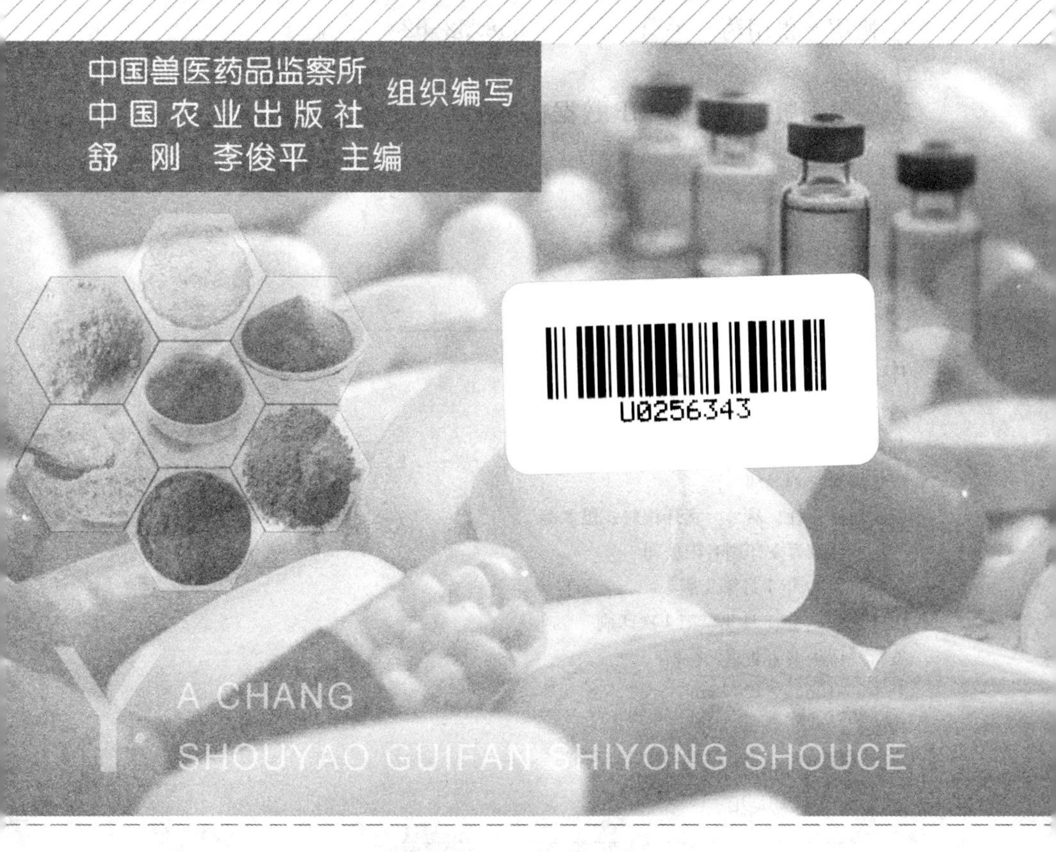

中国农业出版社
北　京

图书在版编目（CIP）数据

鸭场兽药规范使用手册 / 中国兽医药品监察所，中国农业出版社组织编写；舒刚，李俊平主编．—北京：中国农业出版社，2020.1

（养殖场兽药规范使用手册系列丛书）

ISBN 978-7-109-24587-7

Ⅰ.①鸭…　Ⅱ.①中…　②中…　③舒…　④李…　Ⅲ.①鸭病－兽用药－手册　Ⅳ.①S858.32-62

中国版本图书馆CIP数据核字（2018）第208832号

中国农业出版社出版

地址：北京市朝阳区麦子店街18号楼

邮编：100125

责任编辑：刘　玮

版式设计：杜　然　　责任校对：巴洪菊

印刷：北京万友印刷有限公司

版次：2020年1月第1版

印次：2020年1月北京第1次印刷

发行：新华书店北京发行所

开本：910mm×1280mm　1/32

印张：7.25

字数：180千字

定价：25.00元

本书有关用药的声明

随着兽医科学研究的发展、临床经验的积累及知识的不断更新，治疗方法及用药也必须或有必要做相应的调整。建议读者在使用每一种药物之前，参阅厂家提供的产品说明书以确认推荐的药物用量、用药方法、所需用药的时间及禁忌等，并遵守用药安全注意事项。执业兽医有责任根据经验和对患病动物的了解决定用药量及选择最佳治疗方案。出版社和作者对动物治疗中所发生的损失或损害，不承担任何责任。

丛书编委会

本书编者名单

主　　编　舒　刚　李俊平

副 主 编　杨承槐　欧阳萍　张　媛　谢　跃

参编人员　王　胜　王　嘉　尹立子　李　建　李亚菲　李旭妮　张青婵　林居纯　赵　玲

PREFACE 序

有效保障食品安全、养殖业安全、公共卫生安全、生物安全和生态环境安全是新时期兽医工作的首要任务。我国是动物养殖大国，也是动物源性食品消费大国。但是我国动物养殖者的文化素质、专业素质参差不齐，部分养殖者为了控制动物疫病，违规使用、滥用兽药，甚至违法使用违禁药物，造成动物产品中兽药残留超标和养殖环境中动物源细菌耐药性，形成严重的公共卫生和生物安全隐患。

当前，细菌耐药、兽药残留问题深受百姓关注，党中央、国务院非常重视。国家“十三五”规划，明确提出要强化兽药残留超标治理，深入开展兽用抗菌药综合治理工作。2017 年，制定实施《全国遏制动物源细菌耐药行动计划（2017—2020 年）》，明确了今后一个时期的行动目标、主要任务、技术路线和关键措施。随着兽药综合治理工作的推进和养殖业方式转变，我国养殖业兽药的使用已呈现逐步规范、渐近趋好的态势。

为进一步规范养殖环节各种兽药的使用，引导养殖场兽医及相关工作人员加深对兽药规范使用知识的了解，中国兽医药品监察所和中国农业出版社组织编写了《养殖场兽药规范使用手册》系列丛书。该丛书站在全局的高度，充分强调兽药规范使用的重要性，理论联系实际，以《中华人民共和国兽药典》等相关规范为基础，介绍兽药使用基础知识、各畜种常见使用药物、疫病诊断及临床用药方法等，同时附录兽药残留限量标准、休药期标准等基础参数，直观生动，易学易懂，具有较强的科学性、实用性和先进性，可为兽医临床用药提供全面、系统的指导，既是先进兽药科学使用的技术指导书，也是一套适用于所有畜牧兽医工作者学习的理论参考书，对落实《全国遏制动物源细菌耐药行动计划（2017—2020年）》将发挥积极作用，具有重要的现实意义。

相信本丛书一定会成为行业受欢迎的图书，呈现出权威、标准、规范和实用特色！

农业农村部副部长 于康震

FOREWORD 前言

兽药（包括疫苗等）是预防、治疗和诊断动物疫病的特殊商品，其产品质量直接关系到重大动物疫病防控成效、养殖业健康发展和动物源性食品质量安全。我国的养鸭历史悠久，人们有消费鸭肉、鸭蛋的习惯，但当前饲养方式的混杂，导致了鸭场疾病越来越多，用药不规范问题日益严重，影响了其持续有效的发展。

安全、科学合理的规范用药是养鸭业健康发展的重要保证，中国兽医药品监察所、中国农业出版社组织了长期在养鸭生产一线的专家学者编写了《鸭场兽药规范使用手册》一书。本书从鸭场用药的基础知识、常用药品、常见疾病、药物残留及合理用药、耐药控制 5 个方面对养鸭场安全用药进行介绍，内容上以国家批准使用的兽药为基础，突出“病、药结合”，通俗易懂，可供广大养鸭户、养鸭场员工学习使用，以提高对常见鸭病防治的技术水平，同时也可作为基层兽医工作者、农业院校相关专业师生进行鸭病诊疗、规范用药的参考资料。

由于编写时间紧、编者水平有限，难免存在疏漏、不足甚至是错误之处，恳请同行专家和广大读者提出宝贵意见和建议，以便再版时加以修改补充。

编　者

2019 年 8 月

CONTENTS 目录

第一章 鸭用药基础知识

第一节　兽药的定义、应用形式及保管

一、兽药的定义与来源

（一）兽药的定义

兽药是指用于预防、治疗、诊断动物疾病，或者有目的地调节动物生理机能的物质。主要包括血清制品、疫苗、诊断制品、微生态制剂、中药材、中成药、化学药品、抗生素、生化药品、放射性药品及外用杀虫剂、消毒剂等。兽药也包括用以促进动物生长、繁殖和提高动物生产效能，促进畜牧业养殖生产的一些物质。动物饲养过程中常用到的饲料添加剂是指为满足某些特殊需要而加入饲料中的微量营养性或非营养性的物质，含有药物成分的饲料添加剂则被称为药物饲料添加剂，亦属于广义兽药的范畴。当药物使用方法不当、用量过大或使用时间过长时，会对动物机体产生毒性，损害动物健康，甚至会导致死亡，药物则变为了毒物。药物和毒物之间并无本质的、绝对的界限，因此，在用药时应明白用药的目的及方法，发挥药物对机体有益的药理作用，避免其有害的毒副作用或不良反应。

（二）兽药的来源

我国兽药使用历史悠久，早在秦汉时期，药学文献《居延汉简》和《流沙坠简》中已有关于兽药处方的记载；汉末三国时期，中国最早的药学著作《神农本草经》中，曾有专用的兽药记录。北魏贾思勰在《齐民要术》中收载了多种兽用方剂。明代李时珍的《本草纲目》中收载了1 892种药物，其中兽药有60多种；明代万历年间中国的兽医专著《元亨疗马集》中收载的兽药则多达200多种、兽用处方400余个。

这些典籍中收载的兽药大致可分为三个来源：植物、动物和矿物。其中植物类兽药最多，如桔梗科植物桔梗具有宣肺、祛痰、利咽、排脓的功效，多用于治疗动物咳嗽痰多、咽喉肿痛、肺痈等。植物类兽药的入药部位多样，有些品种能够全草入药，有些则仅限于根、茎、叶或花等部位入药。动物类兽药也有较多使用，如鸡内金为鸡的干燥砂囊内壁，具有健胃消食、化石通淋的功效，用于治疗动物的食积不消、呕吐、泄泻、砂石淋等。除了这些植物和动物来源的兽药以外，还有少部分矿物来源的兽药，如石膏，其为硫酸盐类矿物硬石膏族石膏，具有清热泻火和生津止渴的功效，可用于治疗动物外感热病、肺热喘促、胃热贪饮、壮热神昏、狂躁不安等。

随着科学技术的不断发展及化学、物理学、解剖学和生理学等学科的建立，一些化学家开始为从药用植物中提取有效成分的尝试，之后一些生理学家（其中一些成了药理学的先驱者）应用生理学的方法来观察和评价这些化学成分的药效和毒性，此时近代实验药理学逐渐拉开序幕。随着后续的化合物构效关系的确认及定量药理学概念的提出，现代药理学真正发展起来。而兽医药理学的发展是伴随着药理学的发展进程渐次进行的，在整个进程中，青霉素的发现、磺胺类药物及喹诺酮类药物的合成等具有重大意义。同时这也引出了兽药的另两个重要来源：化学合成及微生物发酵。

化学合成类兽药中磺胺类及（氟）喹诺酮类为典型代表。其中首次合成于 1962 年的萘啶酸为第一代喹诺酮类药物的代表；第二代该类兽药则为合成于 1974 年的氟甲喹；1979 年合成的诺氟沙星是首个第三代该类药物，由于它具有 6 -氟- 7 -哌嗪- 4 -诺酮环结构，故该类药物从此开始称为氟喹诺酮类药物。目前我国在兽医临床批准应用的氟喹诺酮类药物有：恩诺沙星、环丙沙星、达氟沙星、二氟沙星、沙拉沙星等。而来源于微生物发酵的兽药则多为一些分子量较大、结构复杂的兽药，如天然青霉素，其是从青霉菌的培养液中分离获得的，含有青霉素 F、青霉素 G、青霉素 X、青霉素 K 和双氢 F 五种组分。

除了前述的五种兽药来源之外，基于生物技术发展起来的兽药逐渐增多。这类药物是通过细胞工程、基因工程等分子生物学技术生产的药物，如重组溶葡萄球菌酶、干扰素、转移因子等。

二、兽药的应用形式

兽药原料药不能直接用于动物疾病的预防或治疗，必须进行加工，制成安全、有效、稳定和便于应用的形式，称为药物剂型。例如粉剂、片剂、注射剂等。药物剂型是一个集体名词，其中任何一个具体品种，例如片剂中的土霉素片、注射剂中的盐酸多西环素注射液等，则称为制剂。药物的有效性首先是其本身固有的药理作用，但仅有药理作用而无合理的剂型，必然影响药物疗效的发挥，甚至出现意外。同一种药物可有不同的剂型，但作用和用途就有差别，如硫酸镁粉经口服，具有导泻的作用，而静脉注射硫酸镁注射液则是发挥其抗惊厥的作用。先进、合理的剂型有利于药物的储存、运输和使用，能够提高药物的生物利用度，降低不良反应，发挥最大疗效。

每类剂型的形态相同，其制法特点和效果亦相似，如液体制剂多需溶解，半固体制剂多需融化或研匀，固体制剂多需粉碎及混合。疗效速度以液体制剂为最快、固体较慢，半固体多作外用。按使用方便性，动物常用的药物剂型主要有：

1. 粉剂/散剂 是指粉碎较细的一种或一种以上的药物均匀混合制成的干燥粉末状制剂，如内服使用的白头翁散。随着集约化、规模化养殖业的出现，许多药物（如抗菌药物、抗寄生虫药物、维生素、矿物质、中草药等）通常是制成粉剂（散剂），混入动物饲料饲喂动物，用以防治疾病、促进生长、提高饲料转化率等。一些药物因为本身的溶解性较好，还可制成可溶性粉剂经动物饮水投药。为了使药物在饲料中均匀混合，药物添加剂必须先制成预混剂，然后拌入饲料中使用，预混剂就是将一种或几种药物与适宜的基质（如碳酸钙、麸皮、玉米粉等）均匀混合制成的散剂。

2. 颗粒剂 是将药物与适宜辅料制成的颗粒状制剂，分为可溶性颗粒剂、混悬性颗粒剂和泡腾性颗粒剂。

3. 溶液剂 指一般可供内服或外用的澄明溶液，溶质为呈分子或离子状态的不挥发性化学药物，其溶媒多为水，如恩诺沙星溶液。还有以醇或油作为溶媒的溶液剂，如地克珠利溶液。内服溶液剂给药方便，生物利用度较高，且不存在混合不均匀的问题。

4. 片剂 是指一种或一种以上的药物经加压制成的扁平或上下面稍有凸起的圆片状固体剂型，具有质量稳定、称量准确、服用方便等优点。缺点为某些片剂溶出速率及生物利用度差，如土霉素片。

5. 注射剂 也称针剂，是指由药物制成的供注入体内的灭菌水溶液、混悬液、乳状液或供临用前配成溶液的无菌粉末（粉针剂，用前现溶）或浓缩液，需使用注射器从静脉、肌肉、皮下等部位注射给药的一种剂型。如盐酸林可霉素注射液、注射用青霉素钠等。注射剂的优点是药效迅速、剂量准确、作用可靠、吸收快。不宜内服的药物，如青霉素、链霉素等也常制成注射剂。缺点是注射给药不方便，且注射时往往引起应激反应，且生产过程要求一定的设备。

三、兽药的贮藏与保管

兽药的稳定性是反映兽药质量的主要指标，不易发生变化的稳定性强，反之亦然。而兽药的稳定性取决于兽药的成分、化学结构及剂型等内在因素，空气、温度、湿度、光线等外界因素同样也会引起兽药发生变化。因此，需认真对待兽药的贮藏和保管工作，定期检查以保证其安全性和可使用性。

（一）影响兽药变质的主要因素

1. 空气 空气中的氧或其他物质释放出的氧，易使药物氧化，引起药物变质，例如维生素C、氨基比林氧化变色，硫酸亚铁氧化成硫酸铁等；同时空气中的二氧化碳能与碱性药物反应，而使药物变质，如氨茶碱与空气中的二氧化碳反应后析出茶碱并分解变色。

2. 光照 日光直射或散射都能使某些药物分解，维生素 B_2 溶液在光线的作用下，可光解而失效。双氧水遇光分解生成氧和水。

3. 温度 温度过高，会使药物的降解速度加快，造成某些抗生素、维生素 D_3 等多种药物变质失效，或挥发性成分挥发而药效降低；温度过低，易使软膏剂变硬，液体制剂冻结、分层、析出结晶。

4. 湿度 一些药物可吸收潮湿空气中的水分发生潮解、液化、变性或分解而变质，如阿司匹林、青霉素类和硫酸新霉素等因吸潮而分解，但对于某些含结晶水药物（如氨苄西林三水化合物、茶碱水合物）的贮存环境，也并非是越干燥越好，空气过于干燥会发生风化，风化后在使用时较难掌握正确剂量。

5. 霉菌 空气中存在霉菌孢子和其他微生物，这些孢子若散落在药物表面，在适宜的条件下，就能形成霉菌引起药物变质。

6. 贮藏时间 理化性质不稳定的药品，易受外界因素的影响，即使贮藏条件适宜，保存合理，但贮存一定时间后，含量（效价）下降或毒性增强。因此，药物的贮藏和使用不要超过有效期。

（二）兽药的一般保管方法

1. 要根据兽药的性质、剂型进行分类保管。一般可按固、水、气、粉或片、液、针等剂型及普通药、剧药、毒药、危险药品等分类，采用不同方法进行保管。剧药与毒药应要专账、专柜、加锁，由专门双人双锁保管，每个兽药必须单独存放，要有明显标记。

2. 一般兽药都应按《中华人民共和国兽药典》（以下简称《兽药典》）或《兽药说明书》中该药所规定的贮藏条件进行贮藏和保存。也可根据其理化特性进行相应的贮藏和保存。

3. 为了避免兽药贮存过久，必须掌握“先进先出，易坏先出”“近期（临近有效期）先出”的原则，要合理存放或堆放，定期检查和盘存。

4. 根据兽药特性，采用不同的贮藏方法。

（1）易光解的兽药。如喹诺酮类药物等，应避光保存，包装宜用棕色瓶，或在普通容器外面包上不透明的黑纸，并防止日光照射。

（2）易潮解引湿的兽药。如氢氧化钠等应密封于容器内，干燥保存，注意通风防潮。

（3）易风化兽药。如硫酸钠、咖啡因等，这类药物除密封外，还需置于适宜湿度处保存（一般以相对湿度50%～70%为宜）。

（4）易受温度影响的兽药。要防受热或防冻结，要求“阴凉处保存”的是指不超20℃，如抗生素的保存。“冷放保存”或“冷藏保存”是指2～10℃，如生物制品的保存。

（5）易吸收二氧化碳的兽药。如氯化钙等，需严密包装，置阴凉处保存。

（6）中草药多易吸湿、长霉和被虫蛀，要注意贮存在阴凉、通风、干燥的地方，并注意防潮、防虫害。

（7）生物制品一般需要冷藏，要求 2～8℃贮存的灭活疫苗、诊断液和血清等，应在同样温度下运送。严冬季节要注意采取防冻措施，炎夏季节应采取降温措施。要求低温贮存的疫苗，应按照要求的温度贮存和运输。

生物制品的稳定性往往同时受多种因素的影响，有的生物制品既需避光，又需防热或防潮，保存时要满足生物制品所需的理化条件。

5. 若发现兽药有氧化、分解、变色、沉淀、混浊、异物、发霉、分层、腐败、潮解、异味、生虫等影响兽药质量的现象时，一般均不可应用。

6. 兽药批号、有效期与失效期。批号是生产单位在兽药生产过程中，用来表示同一原料、同一生产工艺、同一批料、同一批次制造的产品，一般用日期与批次用一短线相连来表示，如 20181001－01 就表示为 2018 年 10 月 1 日生产的第一批产品。

有效期是指兽药在规定的贮藏条件下能保证其质量的期限。失效期是指兽药超过安全有效范围的日期，兽药超过此日期，必须废弃，如需使用，需经药检部门检验合格，才能按规定延期使用。有效期一般是从兽药的生产日期（有的没有标明生产日期，则可由批号推算）起计数，如某兽药的有效期是两年，生产日期为 2018 年 1 月 1 日，则指其可使用到 2019 年 12 月 31 日。如某兽药失效期标明 2019 年 12 月，则指可使用到 2019 年 11 月 30 日止，到 12 月即失效。

四、兽医处方

兽医处方是兽医临床工作及药剂配置的一项重要书面文件。处方的类型可分为法定处方和诊疗处方，法定处方主要指农业农村部所颁《中华人民共和国兽药典》和《兽药质量标准》等所收载的处方。兽医诊疗处方是指经注册的执业兽医在动物诊疗活动中为患病动物开具的，作为患病动物用药凭证的医疗文书。凭兽医处方可购买和使用的兽药即为兽医处方药，而由我国国务院兽医行政管理部门公布的、不需要凭兽医处方就可自行购买并按照说明书即可使用的兽药则称为兽医非处方药。处方开写的正确与否，直接影响治疗效果和患病动物的安全，执业兽医必须认真负责地按照用药的原则、准确的诊断，正确、清楚地开写处方。处方中应写明药物的名称、数量、制剂及用量用法等，以保证药品的规格和安全有效。处方还应保存一段时间，以备查考。

（一）处方笺内容

兽医处方笺（图 1－1）内容包括前记、正文、后记三部分，要符合以下标准：

XXXXXXX处方笺

动物主人/饲养单位＿＿＿＿＿＿＿＿ 档案号＿＿＿＿

动物种类＿＿＿＿＿＿ 动物性别＿＿＿＿＿＿ 体重/数量＿＿＿＿

年（日）龄＿＿＿＿＿＿ 开具日期＿＿＿＿＿＿

诊断：

Rp:

执业兽医师＿＿＿＿＿＿ 注册号＿＿＿＿＿＿ 发药人＿＿＿＿

第一联　从事动物诊疗活动的单位留存

图 1－1　兽药处方笺样式

“×××××××处方笺”中，“×××××××为”从事动物诊疗活动的单位名称

1. 前记　对个体动物进行诊疗的，至少包括动物主人姓名或者动物饲养单位名称、档案号、开具日期和动物的种类、性别、体重、

年（日）龄。

对群体动物进行诊疗的，至少包括饲养单位名称、档案号、开具日期和动物的种类、数量、年（日）龄。

2. 正文 包括初步诊断情况和 Rp（拉丁文 Recipe“请取”的缩写）。Rp 应当分列兽药名称、规格、数量、用法、用量等内容；对于食品动物还应当注明休药期。

3. 后记 至少包括执业兽医师签名或盖章、注册号，发药人签名或盖章。

（二）处方书写要求

兽医处方书写应当符合下列要求。

1. 动物基本信息、临床诊断情况应当填写清晰、完整，并与病历记载一致。

2. 字迹清楚，原则上不得涂改；如需修改，应当在修改处签名或盖章，并注明修改日期。

3. 兽药名称应当以兽药国家标准载明的名称为准，简写或者缩写应当符合国内通用写法，不得自行编制兽药缩写名或者使用代号。

4. 书写兽药规格、数量、用法、用量及休药期要准确、规范。

5. 兽医处方中包含兽用化学药品、生物制品、中成药的，每种兽药应当另起一行。

6. 兽药剂量与数量用阿拉伯数字书写。剂量应当使用法定计量单位：质量以千克（kg）、克（g）、毫克（mg）、微克（μg）、纳克（ng）为单位；容量以升（L）、毫升（mL）为单位；有效量单位以国际单位（IU）、单位（U）为单位。

7. 片剂、丸剂、胶囊剂及单剂量包装的散剂、颗粒剂，分别以片、丸、粒、袋为单位；多剂量包装的散剂、颗粒剂以克或千克为单位；单剂量包装的溶液剂以支、瓶为单位，多剂量包装的溶液剂以毫升或升为单位；软膏及乳膏剂以支、盒为单位；单剂量包装的注射剂以支、瓶为单位，多剂量包装的注射剂以毫升或克或千克为单位，应当注明含量；兽用中药自拟方应当以剂为单位。

8. 开具处方后的空白处应当划一斜线，以示处方完毕。

9. 执业兽医师注册号可采用印刷或盖章方式填写。

(三) 处方保存

兽医处方开具后，第一联由从事动物诊疗活动的单位留存，第二联由药房或者兽药经营企业留存，第三联由动物主人或者饲养单位留存。兽医处方由处方开具、兽药核发单位妥善保存两年以上。保存期满后，经所在单位主要负责人批准、登记备案，方可销毁。

第二节　临床合理用药

一、影响药物作用的主要因素

药物的作用是机体与药物相互作用过程的综合表现，许多因素都可能影响或干扰这一过程，改变药物效应。这些因素包括药物、动物及环境三方面。

(一) 药物因素

1. 药物剂型和给药途径　药物的剂型和给药途径对药物的吸收、分布、代谢和排泄产生较大影响，从而引起不同的药理效应。一般来讲，药效由高到低的给药途径是：静脉注射>吸入>肌内注射>皮下注射>口服>皮肤给药。其中静脉注射由于没有吸收过程，因而产生的药理效应更加显著。口服给药的吸收速率按剂型排序为水溶液>散剂>片剂。有的药物给药途径不同产生不同的药理效应，如硫酸镁内服导泻，而静脉注射或肌内注射则有镇静、镇痉等效应。

2. 剂量 药物剂量决定药物和机体组织器官相互作用的浓度，在一定范围内，给药剂量越大，则血药浓度越高，作用越强。有的药物随剂量由小到大，其作用发生质的改变，如生存和致死等。例如，动物内服小剂量人工盐是健胃作用，大剂量则表现为下泻作用。兽医临床用药时，除根据《兽药典》决定用药剂量外，兽医师可以根据动物病情发展的需要适当调整剂量，更好地发挥药物的治疗作用。鸭由于集约化饲养，数量巨大，注射给药要消耗大量人力、物力，也容易引起应激反应，所以药物可用混饲或混饮的群体给药方法。这时必须注意保证每个个体都能获得充足的剂量，又要防止一些个体食入量过多而产生中毒，还要根据不同气候、疾病发生过程及动物食量或饮水量的不同，适当调整药物的浓度。

3. 联合用药 两种或两种以上的药物同时或先后应用时，药物在体内产生相互作用，影响药动学和药效学。

（1）*药动学方面* 包括妨碍药物的吸收、改变胃肠道 pH、形成络合物、影响胃排空和肠蠕动、竞争与血浆蛋白结合、影响药物的代谢和影响药物排泄等。

（2）*药效学方面* 包括：①协同作用：联合用药增强药理效应，如增强作用和相加作用。两药合用的效应大于单药效应的代数和，称增强作用；两药合用的效应等于它们分别作用的代数和，称相加作用。在同时使用多种药物时，治疗作用可出现协同作用，不良反应也可能出现这种情况（例如，第1代头孢菌素的肾毒性可由于合用庆大霉素而增强）。②颉颃作用：两药合用的效应小于它们分别作用的总和。

（3）*配伍禁忌* 两种以上药物混合使用可能发生体外的相互作用，出现使药物中和、水解、破坏失效等理化反应，这时可能发生混浊、沉淀、产生气体及变色等外观异常的现象，称为配伍禁忌。例如，在葡萄糖注射液中加入磺胺嘧啶（SD）钠注射液，可见液体中有微细的磺胺嘧啶结晶析出，这是磺胺嘧啶钠在 pH 降低时必然出现的结果。

（二）动物方面的因素

动物的种属、年龄、性别、体重、生理状态、病理因素、个体差异等均影响药物的作用。

1. 种属差异 动物品种和生理特点对药物的药动学和药效学往往有很大的差异。在大多数情况下表现为量的差异，即作用的强弱和维持时间的长短不同，如链霉素在不同的动物中半衰期表现出很大差异。有少数药物表现出质的差异，如吗啡对人、犬等表现出抑制作用，而对马、猫、虎等则表现为兴奋作用。此外，还有少数动物缺乏某种药物的代谢酶，因而对某些药物特别敏感。

2. 生理因素 不同年龄、性别或生理状态动物对同一药物的反应往往有一定差异，这与机体器官组织的功能状态，尤其与肝脏药物代谢酶系统有着密切的关系。如幼龄动物因为肝脏微粒体酶代谢功能不足和/或肾排泄功能不足，其体内药物的消除、半衰期往往要长于成年动物。同理，老龄动物亦有上述现象，一般对药物的反应较成年动物敏感，所以临床用药剂量应适当减少。

3. 病理因素 药物的药理效应一般都是在健康动物试验中观察得到的，动物在病理状态下对药物的反应性存在一定程度的差异。不少药物对疾病动物的作用较显著，甚至要在动物病理状态下才呈现药物的作用，如解热镇痛抗炎药能使发热动物降温，但对正常体温没有影响。大多数药物主要通过与靶细胞受体相结合而产生各种药理效应，在各种病理情况下，药物受体的类型、数目和活性可以发生变化而影响药物的作用。严重的肝、肾功能障碍，可影响药物的生物转化和排泄，对药物动力学产生显著的影响，引起药物蓄积，延长半衰期，从而增强药物的作用，严重者可能引发毒性反应。但也有少数药物在肝生物转化后才有作用，如可的松、泼尼松，在肝功能不全的疾病动物中其作用减弱。炎症过程可使动物的生物膜通透性增加，影响药物的转运。严重的寄生虫病、失血性疾病或营养不良的动物，由于血浆蛋白质大大减少，可使高血浆蛋白结合率药物的血中游离药物浓度增加，一方面使药物作用增强，同时也使药物的生物转化和排泄增加，半衰期缩短。

4. 个体差异　产生个体差异的主要原因是动物对药物的吸收、分布、代谢和排泄的差异，其中代谢是最重要的因素。不同个体之间的酶活性可能存在很大的差异，从而造成药物代谢速率上的差异。因此，相同剂量的药物在不同个体中，有效血药浓度、作用强度和作用维持时间可产生很大差异。

个体差异除表现药物作用量的差异外，有的还出现质的差异，个别动物应用某些药物后容易产生变态反应。

（三）饲养管理和环境因素

动物机体的健康状态对药物的效应可以产生直接或间接的影响。动物的健康主要取决于饲养和管理水平。饲养方面要注意饲料营养全面，根据动物不同生长时期的需要合理调配日粮成分，以免出现营养不良或营养过剩。管理方面应考虑动物群体的大小，防止密度过大，房舍的建设要注意通风、采光和动物活动的空间，要为动物的健康生长创造良好的环境。

二、合理用药原则

合理用药原则是指充分发挥药物的疗效和尽量避免或减少可能发生的不良反应。

1. 正确诊断　任何药物合理应用的先决条件是正确的诊断，没有对动物发病过程的认识，药物治疗便是无的放矢，不但没有好处，反而可能延误诊断，耽误疾病的治疗。在明确诊断的基础上，严格掌握药物的适应证，正确选择药物。

2. 用药要有明确的指征 每种疾病都有特定的发病过程和症状，要针对患病动物的具体病情，选用药效可靠、安全、方便给药、价廉易得的药物制剂。反对滥用药物，尤其不能滥用抗菌药物。将肾上腺皮质激素作为一般的解热镇痛或者消炎药使用都属于不合理使用。对不明原因的发热、病毒性感染等随意使用抗生素也属于不合理使用。

3. 熟悉药物在动物的药动学特征 根据药物在动物体的药动学特征，制订科学的给药方案。药物治疗的错误包括选错药物，但更多的是给药方案的错误。执业兽医在给食品动物用药时，要充分利用药动学知识制订给药方案，在取得最佳药效的同时尽量减少毒副作用、避免细菌产生耐药性和导致动物性食品中的兽药残留。良好的执业兽医必须掌握在药效、毒副作用和兽药残留等方面取得平衡的知识和技术。

4. 制订周密的用药计划 根据动物疾病的病理生理学过程和药物的药理作用特点以及它们之间的相互关系，药物的疗效是可以预期的。几乎所有的药物不仅有治疗作用，也存在不良反应，临床用药必须记住疾病的复杂性和治疗的复杂性，对治疗过程做好详细的用药计划，认真观察将出现的药效和不良反应，随时调整用药计划。

5. 合理的联合用药 在确定诊断以后，兽医师的任务就是选择有效、安全的药物进行治疗，一般情况下应避免同时使用多种药物（尤其抗菌药物），因为多种药物治疗极大地增加了药物相互作用的概率，也给患病动物增加了危险。除了具有确实的协同作用的联合用药外，要慎重使用固定剂量的联合用药，因为它使执业兽医失去了根据动物病情需要去调整药物剂量的机会。

明确联合用药的目的，即增强疗效、降低毒副作用、延缓耐药性的发生。①增强疗效，如磺胺类药物与甲氧苄啶、林可霉素与大观霉素联合使用提高抗菌能力、扩大抗菌谱；青霉素类和氨基糖苷类抗生素联合使用，促进氨基糖苷类药物进入细胞，增强杀菌作用；②降低毒性和减少副作用，如磺胺药与碳酸氢钠合用，可减少磺胺药的不良反应；③对付耐药菌，如阿莫西林与克拉维酸合用可治疗耐药金黄色葡萄球菌感染。

6. 正确处理对因治疗与对症治疗的关系 一般用药首先要考虑对因治疗，但也要重视对症治疗，两者巧妙地结合将能取得更好的疗效。中医理论对此有精辟的论述："治病必求其本，急则治其标，缓则治其本"。

7. 避免动物性产品中的兽药残留 食品动物用药后，药物的原形或其代谢产物和有关杂质可能蓄积、残存在动物的组织、器官或食用产品中，这样便造成了兽药在动物性食品中的残留（简称兽药残留）。使用兽药必须遵守《兽药典》的有关规定，严格执行休药期（停止给药后到允许食品动物屠宰上市的时间），以保证动物性产品兽药残留不超标。

8. 疫苗免疫注意事项 各养殖场应根据本场所养殖动物种类、品系、疫病流行特点和季节变化，制订相应的疫苗免疫程序。使用疫苗前，应注意：凡包装不合格、批号不清楚、不符合运输要求的生物制品不能使用。严格按照说明书和标签上的各项规定使用生物制品，不得任意改变，并详细记录制品名称、批号、使用方法和剂量等内容。接种活疫苗前1周和接种后10d，不得以任何方式或途径给予任何抗菌药物。各种活疫苗应按照生物制品规定的稀释液稀释后使用。活疫苗用于饮水免疫时，不得使用含消毒剂的水。

三、安全使用常识

兽药使用过程中应切记以下常识：

（1）兽药的合理选择是建立在对疾病的正确诊断基础之上的，动物在发病之后，一定要及时地对疾病进行准确诊断，然后才能准确选择最合适的药物进行治疗。

（2）应严格遵守兽药的使用原则，根据兽药的适应证选择合适的兽药制剂，并严格按照国家规定的用量与用法使用兽药，严禁超量或超疗程使用。

（3）用药过程中应准确做好各项记录，包括选用的药物、给药间隔时间、给药剂量、给药途径和疗程等。对于饮水及混饲给药，还应仔细记录动物的饮水及采食饲料情况。

（4）食品动物用药过程中应严格遵守休药期的规定，严防兽药在动物可食性组织及产品中的残留。

（5）有条件的养殖场可适当开展本场常见致病菌的敏感性调查，筛选出有效的抗菌药物。

（6）平时做好疾病预防工作，及时做好疫苗接种，做好动物舍的清扫及消毒工作。

（7）严格遵循国家及农业农村部等制定的各项规章制度，如严禁使用违禁药物，严禁将人用药品用于动物，严格遵守兽用处方药的使用及管理制度等。

四、兽药质量快速识别

1. 选购兽药时注意事项　养殖场（户）在选购兽药时，需要注意以下几个方面。

（1）如从兽药生产厂采购，应选择持有《兽药生产许可证》和《兽药 GMP 合格证》的正规兽药厂生产的产品。

（2）如从兽药经营店选购，应选择持有兽医行政管理部门核发的《兽药经营许可证》和工商部门核发的《营业执照》的兽药经营单位购买。

（3）如从网络购买，应检查平台是否合法，是否持有兽医行政管理部门核发的《兽药经营许可证》和工商部门核发的《营业执照》。

（4）检查兽药产品是否有兽药产品批准文号或进口兽药登记许可证号。兽药产品批准文号有效期为5年，过期文号的产品属于假兽药。

（5）检查兽药包装上是否印制了兽药产品的电子身份证——二维码唯一性标识。

（6）选择农业农村部兽药产品质量通报中的合格产品，不选择农业农村部公布的非法兽药企业生产的产品及合法兽药企业确认非本企业生产的涉嫌假兽药产品。

（7）不购买农业农村部淘汰的兽药、规定禁用的药品或尚未批准在鸭使用的兽药产品。

（8）注意兽药产品的生产日期和使用期限，不要购买和使用过期的兽药产品。

（9）不要购买和使用变质的兽药产品。

（10）选择产品包装、标签、说明书符合国家标准规范的产品。成件的兽药产品应有产品质量合格证，内包装上附有检验合格标识，包装箱内有检验合格证。

（11）参照广告选择兽药时，必须选择有省部级审核的广告批准文号的产品。

2. 选购兽药时应检查的内容 采购兽药时，首先要查看外包装，最为明显的就是二维码。在兽药包装上印制二维码唯一性标识，解决了兽药产品“是谁（的）＋从哪里来＋到哪里去了”的问题，通过网络、手机、识读设备等多种途径查询相关内容，以达到对兽药产品进行标识和追踪溯源，实现全国兽药产品生产出入库可记录、信息可查询、流向可追踪和责任可追查的目的。目前，正规企业生产的每一个兽药产品（瓶/袋）都有二维码，就是兽药产品的电子身份证。采购员、仓库管理员、兽医都可以使用手机、识读设备等扫描，通过网络实现与中央数据库的连接，查询兽药产品相关信息，实现兽药产品可追溯。扫描兽药二维码标识可呈现的信息包括：兽药追溯码、产品名称、批准文号、企业简称、联系电话。

外包装上除了二维码之外，还可以看到商品名称。此外，应检查是否标有生产许可证和兽药GMP证书编号、兽药的通用名称、产品批准文号、产品批号、有效期、生产厂名、详细地址和联系电话，是否有产品使用说明书，说明书上标注的项目是否齐全。兽药的包装、标签及说明书上必须注明以下信息：产品批准文号、注册商标、生产厂家、厂址、生产日期（或批号）、药品名称、有效成分、含量、规格、作用、用途、用法用量、注意事项、有效期等。

再就是观察兽药的外包装是否有破损、变潮、霉变、污染等现象，用瓶包装的兽药产品应检查瓶盖是否密封，封口是否严密，有无松动，有无裂缝甚至药液漏出等现象。同时应检查兽药产品的外观、性状是否有异常，如与兽药国家标准规定的颜色不一致，粉剂出现不应有的结块，注射液出现絮状物沉淀等均属于异常情况。

3. 假劣兽药的快速鉴别 根据《兽药管理条例》的规定，假、劣兽药有以下几种情形。

（1）假兽药 有以下情形之一的，为假兽药：①以非兽药冒充兽药或者以他种兽药冒充此种兽药的；②兽药所含成分的种类、名称与兽药国家标准不符合的。

有以下情形之一的，按假兽药处理：①国务院兽医行政管理部门规定禁止使用的；②依照《兽药管理条例》规定应当经审查批准而未经审查批准即生产、进口的，或者依照《兽药管理条例》规定应当经抽查检验、审查核对而未经抽查检验、审查核对即销售、进口的；③变质的；④被污染的；⑤所标明的适应证或者功能主治超出规定范围的。

（2）劣兽药　有以下情形之一的，为劣兽药：①成分含量不符合兽药国家标准或者不标明有效成分的；②不标明或者更改有效期或超过有效期的；③不标明或者更改产品批号的；④其他不符合兽药国家标准，但不属于假兽药的。

（3）检查鉴别假劣兽药时的注意事项　①查产品批准文号。一是兽药生产企业没有获得批准，其生产的兽药产品必然没有产品批准文号；二是合法兽药生产企业没有取得批准文号或挪用其他产品批准文号，这些均作假兽药处理。②查兽药名称。兽药名称包括法定通用名称（兽药典和国家标准中载明的兽药名称）和商品名。兽药产品标签、说明书、外包装必须印制法定通用名称，有商品名的应同时印制，但商品名与通用名称的大小比例不得超过 2∶1。③查是否属于淘汰的兽药、规定禁用的药品或尚未批准在鸭使用的兽药产品。生产、销售淘汰的兽药、规定禁用的药品或尚未批准在鸭使用的兽药产品应做假兽药处理。④查兽药的有效期。超过有效期的兽药即可认定为劣兽药。⑤查产品批号。兽药产品的批号一般由年、月、日、批次组成，并一次性或激光打印或印刷，字迹清晰，无涂污修改。任何修改即可认定为劣兽药。⑥查产品规格。核查标签上标示的规格与兽药的实际是否相符，标示装量与实际装量是否相符。⑦查产品质量合格证。兽药包装内应附有产品质量合格证，无合格证的产品不得出厂，经营单位不得销售。

4. 发现假劣兽药后的投诉　为进一步加大兽药违法案件查处工作力度，2006 年 11 月 7 日，农业部通过中国农业信息网、中国兽药信息网和《农民日报》，将各省（自治区、直辖市）兽医行政管理部门兽药违法案件举报电话（表 1－1）统一向社会公布（农办医［2006］58 号），并要求各省（自治区、直辖市）兽医行政管理部门采取多种形式，加强宣传，主动接受社会监督，做好举报电话值守，认真受理举报案件，依法查处违法行为，以净化市场，维护合法兽药企业和广大农牧民的权益。

表1-1 全国兽药违法案件举报电话名录

序号	单位名称	举报电话
1	农业农村部兽医局	010-59192829 010-59191652（传真）
2	北京市农业局 北京市动物卫生监督所	010-82078457 010-62268093-801
3	天津市畜牧局	022-28301728
4	河北省畜牧兽医局	0311-85888183
5	山西省兽药监察所	0351-6264649（传真）
6	内蒙古自治区农牧业厅	0471-6262583；6262652
7	辽宁省动物卫生监督管理局	024-23448298；23448299
8	吉林省牧业管理局	0431-2711103；8906641
9	黑龙江省畜牧兽医局	0451-82623708
10	河南省畜牧局	0371-65778775
11	湖北省畜牧局	027-87272217
12	江西省畜牧兽医局	0791-85000985
13	湖南省畜牧水产局	0731-8881744
14	福建省农业厅畜牧兽医局	0591-87816848
15	安徽省农业委员会畜牧局	0551-2650644
16	上海市兽药饲料监督管理所	021-52164600
17	山东省畜牧办公室	0531-87198085
18	江苏省兽药监察所	025-86263243；86263659
19	浙江省畜牧兽医局	12316
20	广东省农业厅畜牧兽医办公室	020-37288285
21	广西壮族自治区水产畜牧局	0711-2814577
22	海南省畜牧兽医局	0898-65338096
23	重庆市农业局	023-89016190；89183743
24	云南省畜牧兽医局	0871-5749513
25	贵州省畜牧局	0851-5287855；5286424
26	四川省畜牧食品局	028-85561023
27	陕西省畜牧兽医局	029-87335754

（续）

序号	单位名称	举报电话
28	甘肃省农牧厅	0931－8834403
29	青海省农牧厅畜牧兽医局	0971－6125442
30	宁夏回族自治区兽药饲料监察所	0951－5045719
31	新疆维吾尔自治区畜牧兽医局	0991－8565454
32	西藏自治区农牧厅办公室	0891－6322297

发现假劣兽药后，可以拨打上述电话或亲自到上述部门举报，也可向所在地市、县兽医行政管理部门举报。

五、制订合理的免疫程序

鸭场应根据《中华人民共和国动物防疫法》《动物防疫条件审核管理办法》有关规定，结合鸭养殖的防疫需求制订相应的免疫程序。

1. 不同地区疫病流行情况不同，当地常发生和流行的疫病是防疫的重点。根据当地疫病流行情况、鸭健康状态和母源抗体水平制订科学合理的免疫程序，可有效提高鸭群免疫力，最大限度地降低疫病传入风险以及可能由此造成的损失。

2. 做好常发疫病的免疫是日常防疫的关键。禽流感、鸭瘟、鸭病毒性肝炎、鸭坦布苏病毒病、鸭浆膜炎等是鸭场常发疾病。根据本场鸭的种类、日龄、当地疫病流行情况等因素，做好上述疫病的防疫工作是鸭能否饲养成功的关键。

3. 无论是种鸭还是商品鸭，在整个饲养周期中要接种多种疫苗，因此，应依据生产实践要求合理选择和使用疫苗，这是防疫成功的有效保障。

（1）*选择合适的疫苗，是免疫成功的重要保证*　在生产中，应根据鸭的种类、生长阶段、当地疫病流行情况、饲养规模等选择合适的疫苗。对当地没有威胁的疫病可以不接种，尤其是不应对当地从未发生的疾病进行疫苗接种。使用的疫苗应选择正规厂家生产的符合国家质量标准的疫苗。

（2）*采取正确的免疫方法和操作，是免疫成功的另一半* 鸭免疫途径主要是皮下注射和肌内注射，应根据疫苗种类、鸭生长阶段选择恰当的免疫接种方法。每一种免疫方法都有规范的操作要求，应按照正确要求实施免疫，保证免疫效果确实，减少免疫应激。

（3）*掌握最佳免疫时机也是免疫成功的重要保障* 疫苗的首免日龄、免疫间隔时间的确定，除了考虑疫病的流行情况外，主要取决于母源抗体水平和免疫抗体消长。因此，在生产中做好抗体监测，实时掌握鸭群整体抗体水平，及时调整免疫疫苗，选择最适宜的免疫时机进行免疫，可弥补免疫空白期，降低免疫离散度，提高免疫保护效果。

第三节 鸭用药选择

一、鸭的生物学特点

鸭是鸟纲雁形目鸭科鸭亚科水禽的统称，或称真鸭。所有真鸭，除翘鼻麻鸭和海鸭外，都在一年内性成熟，仅在繁殖季节成对。有家鸭和野鸭之分。与鸡相比，鸭具有很多独特的外形特征和生理特点。鸭的体型特征和生理条件可以反映鸭的生长发育、健康状况及生产性能，对生产中正确饲养鸭、有效预防疫病具有重要意义。

（一）外形特征

鸭头部较大，呈圆形，无冠和髯。喙长而扁平，上下腭边缘成锯齿状角质化突起，是采食和防卫的器官。鸭的口叉深，鸭舌发达，边缘分布有许多细小乳头，这些乳头与嘴板交错，具有过滤作用，有助于潜水捕食时过滤食物和将食物适当磨碎。公鸭的喙比母鸭略深，公鸭叫声嘶哑，母鸭叫声洪亮。

鸭颈较长，转动灵活，体躯宽长，呈船形。成年鸭大部分体表覆盖有松而厚的羽毛，能阻碍皮肤表面的蒸发散热，对寒冷有较强的抵抗力，即使冬春季节气温较低时，也不会影响产蛋和增重。鸭比较畏热，25℃以上鸭的采食量和产蛋量开始下降。

鸭腿较短，位于体躯后部，有利于母鸭产蛋时躯体保持平衡。鸭脚的第 2、3、4 趾间有蹼，可以推动身体在水中轻快地游泳，便于鸭在水上生活觅食。鸭尾短小，位于泄殖腔后上方，走路时尾巴摆动，帮助保持身体平衡。鸭的尾部有一个很大的脂肪腺，叫尾脂腺，能分泌油脂，鸭通过喙啄擦将油涂抹在羽毛上，以保持润滑、柔软、不沾水，帮助鸭浮在水面上。

（二）生活习性

1. 鸭生活有规律　鸭的觅食、戏水、休息、交配和产蛋都有一定的时间规律。这种规律一经形成就不易改变，因此，鸭转群多在开产前进行。鸭有定巢性，经过驯化选育无抱窝性（就巢性）。鸭喜欢群居，性情温顺，胆小怕惊。

2. 鸭新陈代谢旺盛　鸭正常体温为 41.5～43℃，心跳次数每分钟 160～210 次，呼吸每分钟 16～26 次，对氧气的需要量大。鸭活动力强，对饥渴比较敏感，需要较多的饲料和频繁的饮水。

3. 鸭喜水　鸭喜欢戏水、甩水，因此，在饮水给药时要适当增加给药剂量。

（三）消化系统生理特点

鸭的消化系统包括喙、口腔、咽、食道、腺胃、肌胃、小肠、大肠、泄殖腔、肝脏、胆囊和胰腺等。

鸭口腔的前端为喙，是采食和自卫的器官。鸭口腔内没有牙齿，唾液腺不发达，喙啄食饲料后在口腔内被唾液稍微浸润，然后经鸭舌进入食道，食物在其口腔内停留时间较短。鸭的食道没有嗉囊，有一纺锤形的膨大部，可以贮存食物，起到嗉囊的作用。鸭舌上没有味觉乳头，味觉不发达，对饲料的味道要求不高，喜欢杂食。鸭对苦味不敏感，因此，鸭服用苦味健胃药效果不佳。鸭亦对咸味不敏感，容易出现食盐中毒。鸭没有逆呕功能，所以鸭发生中毒时，催吐剂没有效果。

鸭的腺胃可以分泌胃液，对食物进行软化与湿润。鸭有发达的肌胃，消化能力强，饲料的磨碎加工基本在肌胃中进行。

鸭的肠管较长，是体长的5～6倍，肠道分为小肠和大肠，饲料的消化和吸收主要在小肠内进行。泄殖腔是消化、泌尿和生殖的共同通道，参与水分的吸收。

肝脏是鸭体内最大、作用最复杂的消化腺，呈暗红色，分左、右两叶，胆囊均位于右叶。肝脏分泌的胆汁贮存在胆囊中，通过胆管排入小肠。胆汁能促进多种维生素的吸收和脂肪的消化，能加强肠蠕动，防止肠内容物的腐败。胰腺色泽淡黄色或红黄色，质地柔软，可分泌胰液。胰液通过胰管进入十二指肠，发挥消化作用。

（四）呼吸系统生理特点

鸭的呼吸系统主要由呼吸道、肺和气囊组成，呼吸道包括鼻腔、喉、气管、鸣管、支气管等。气囊是禽类特有的结构，能够加强和改善呼吸过程，增强空气利用率，促进新陈代谢。鸭患呼吸道疾病时，可以通过气雾给药，药物在气囊迅速吸收，发挥药效。此外，鸭没有汗腺，体热的散失与呼吸密切相关。

（五）泌尿系统生理特点

鸭的泌尿系统由肾和输尿管组成，其功能是生成和排出尿液。鸭没有膀胱，尿液汇集在输尿管形成白色的尿酸盐结晶体，与粪便同时排出体外。因为尿酸盐不易溶解，如果尿酸盐过多，会沉积在肾小管内，引起肾肿和花斑肾，严重的可随血液到关节、内脏器官表面，引起痛风。鸭肾小球结构简单，对经肾排泄的药物敏感。鸭的尿液 pH 为 5.3～6.4，所以在使用磺胺药时要慎重，尽量配合碳酸氢钠一起使用。

（六）免疫系统生理特点

免疫系统在鸭抵抗病原微生物过程中起着关键作用。鸭的免疫系统主要包括胸腺、骨髓、法氏囊、脾脏和淋巴结。胸腺、骨髓和法氏囊合称为中枢淋巴器官或初级淋巴器官。胸腺位于颈部两侧的皮下，呈黄色或暗红色，主要产生与细胞免疫有关的 T 淋巴细胞和分泌胸腺类激素，参与细胞免疫应答。鸭的胸腺退化较晚，机体抵抗力较强，发病较少。法氏囊位于泄殖腔背面，呈盲囊状，雏鸭较发达，在性成熟前达到最大，以后逐渐萎缩至完全消失。法氏囊主要参与体液免疫，B 淋巴细胞在此分化和成熟。鸭体液免疫应答中主要产生 3 种免疫球蛋白，分别是 IgM、IgY 和 IgX。IgM 是正常鸭血清中最早产生的抗体，与其他脊椎动物的 IgM 具有同源性。IgY 类似于哺乳动物 IgG 类抗体，根据在血清中沉降系数不同可分为 7.8s IgY 和 5.7s IgY，7.8s IgY 半衰期 5.9～6d，是母源抗体的重要组成成分，5.7s IgY 在高免血清中占免疫球蛋白总量的 85%，是主要的中和抗体。鸭 IgX 是主要存在于胆汁中的分泌型免疫球蛋白，与哺乳动物的 IgA 相似，是黏膜免疫的重要组成部分，存在于鸭的呼吸道、消化道及生殖道。IgX 的产生比血清型免疫球蛋白推迟数周，可能是造成小于 4 周龄鸭呼吸道及消化道易发生感染性疾病的主要原因。

脾脏、哈德氏腺及结膜相关淋巴组织、支气管相关淋巴组织和肠道相关淋巴组织均为次级淋巴器官，是淋巴细胞和抗原递呈细胞聚集之处。在体液和细胞免疫中发挥重要作用。

二、鸭不同时期的生理特点

（一）雏鸭的生理特点

1. 生长迅速，代谢旺盛 雏鸭生长速度快，尤其是骨骼发育很快。因此，在雏鸭饲养过程中应保证饲料营养丰富且适宜。

2. 体温调节机能不完善 初生雏鸭绒毛短，自我保护差，体温调节能力差，应做好室内保温工作。

3. 消化能力弱 雏鸭的消化机能尚不健全，育雏期的饲料应保证容易消化和吸收。

4. 抗病力差 雏鸭对外界环境的适应性和抵抗力差，容易感染各种疾病，因此，育雏期应特别重视防疫卫生工作。

（二）育成鸭的生理特点

（1）前期体重增长迅速，容易出现啄羽、腿病等问题；中期增重较少，料量如果控制不当会出现负增长；后期体重增长平稳。

（2）羽毛生长迅速，100 日龄左右羽毛已全部长齐。

（3）生殖器官发育快，母鸭 10 周龄后卵巢上的滤泡快速长大，12 周龄后性器官发育尤其迅速，此时应保证鸭的营养，控制好增重速度。

（4）适应性强，青年鸭随着日龄的增长，体温调节能力增强，对外界气温变化的适应能力增强。消化器官增大，消化能力增强。

（三）产蛋鸭的生理特点

（1）食量大，觅食力强，进入产蛋期的母鸭代谢旺盛，为满足代谢的需要，蛋鸭表现出很强的觅食能力，尤其是放牧的鸭群。

（2）性情温顺，在鸭舍内安静地休息、睡觉，不到处乱跑乱叫。

（3）代谢旺盛，对饲料要求高。

（4）生活有规律，要求环境安静，产蛋时间总是在凌晨1—2时。

鉴于产蛋鸭在产蛋期的这些特点，在饲养上，这是产蛋鸭一生中要求饲养标准最高和饲料量最多的阶段；在环境的管理上，应创造最稳定的饲养条件。

三、鸭用药的给药方法

在生产中，用于鸭病防治的药物种类很多，各种药物由于性质和应用目的不同，使用方法也不同。鸭的给药方法可分为三类，即全群给药法、个体给药法和体表给药法。

（一）全群给药法

1. 拌料给药 这种方法适合于几天至几周的长期用药、不溶于水的药物及加入饮水中适口性差的药物。如果是粉末药物，可先把药物和少量饲料混合均匀，然后把混有药物的少量饲料加入计划饲喂量的饲料中，继续混合均匀；也可以在饲料厂通过搅拌机将药物和饲料混合均匀。对于需要溶解拌料的药物，可先将药物溶解，然后喷洒在称好的饲料上，搅拌均匀，喂食。适用于拌料的药物比较多，尤其是一些不溶于水的药物，采用此法投药更为恰当。

2. 饮水给药 是最常用的投药方法，适于短期用药、紧急治疗投药、鸭发病后不能采食但能饮水时的用药。要选择易溶于水的药物，饮水给药的方法很多，可根据药物的特性进行选择。

（1）*一次性给药法* 将一天用量的药物溶于小桶内，溶解后倒入大的药桶内，按照用药的浓度定容，搅拌均匀，给药前先停水1～2h，尽量让每只鸭都能饮到，并且保证2h左右饮用完毕。

（2）*自由饮用法* 将药物按照浓度比例稀释后，让鸭自由饮用，此方法多用于雏鸭开口药的使用，要选择比较稳定的药物。

（3）早晚给药法　按照一次给药法给药，给药时间分为早晨和傍晚，这种方法适合半衰期短的药物，可以保证鸭体内血药浓度相对稳定，更好地发挥作用。

3. 喷雾给药　是指让鸭通过呼吸道吸入或作用于其皮肤黏膜的一种给药方法。此种方法适用于顽固性呼吸道疾病。适用于该法的药物应对鸭呼吸道无刺激性，易于通过黏膜吸收。如疫苗的气雾免疫、消毒药物的喷雾消毒和一些用于呼吸系统、皮肤感染的治疗药物。使用喷雾给药，鸭舍环境要相对洁净。

（二）个体给药法

1. 经口直接投药　此种方法主要用于较小的鸭群或个别感染，经口逐个给药，给药剂量较准确，疗效有保证。

2. 注射给药　为了防止全身感染，或口服难达病灶，常采用皮下注射、肌内注射给药。将药物兑成注射液，在1～2h内注射到鸭体内。此种给药方法吸收快、完全，紧急治疗时效果更好。鸭疫苗免疫方式主要是注射免疫，注射免疫部位分肌肉和颈部皮下两种，肌肉免疫适用于活疫苗和应激较小的疫苗免疫，颈部皮下免疫适用于应激较大的油苗免疫。

（三）体表给药法

此种方法适用于杀灭外寄生虫或治疗外伤的药物。如果鸭患有虱、螨、蜱等外寄生虫，啄肛、脚垫肿等外伤，可在体表涂抹或喷洒药物。

四、鸭用药注意事项

（一）对症用药，切忌盲目投药

鸭群一旦发病，发生伤亡时，切勿盲目投药，因为不同的疾病种类、用药对象、药物种类、用药目的、用药量都不同，而且同一动物的不同生理或生长阶段的用药量也不相同，应根据发病情况结合实验室诊断技术进行确诊，选用合适药物。对于细菌性疾病，要根据药敏试验结果进行投药。

（二）首次应用的药物应先进行小群试验

鸭场以前从未使用过的药物，第一次应用时，应先进行小群试验，证明安全、有效、无害后，再大群应用。

（三）合理选择给药途径

1. 方法选择 严重感染时，多采用注射给药法；一般感染或消化道感染，以饮水或者拌料内服为宜；对严重消化道感染，则采用注射给药法配合饮水法或拌料法同时进行。

2. 不同给药途径的特点及注意事项 注射给药法，具有剂量准确，药效发挥迅速、稳定的特点。饮水和拌料给药适合大群投药。对于溶解性强、易溶于水的药物，采用饮水给药，但禁止在流水中投药，避免药液浓度不均匀，影响疗效或发生中毒。难溶于水或不溶于水且疗效较好的抗生素，可拌料给药。

（1）拌料给药

① 准确计算药物剂量。混于饲料的药物浓度常以克/吨（g/t）表示，就是每吨饲料中所含药物的浓度。进行拌料给药前，应根据饲料量和药物的规定使用浓度，准确计算所用药物的剂量，不可随意加大剂量。如果是按鸭的体重给药，应严格计算总体重，按照要求把药物拌进料内。

② 确保用药混合均匀。为了使所有鸭都能吃到大致相等的药物，必须把药物和饲料充分混匀，切忌把全部药量一次加入所需饲料中简单混合。加入饲料中的药量越小，越要注意先用少量饲料进行预混，

直接将药加入大批饲料中是很难混匀的；对于容易引起药物中毒或副作用大的药物更应注意混合均匀。

（2）饮水给药

① 所用药物应易溶于水，且在水中性质较稳定。

② 注意水质对药物的影响。饮水给药时的水质必须达到饮用水的标准、水的酸碱度接近中性、矿物质含量符合标准。

③ 给药前停水，保证药效。为保证鸭饮入适量的药物，多在用药前，让整个鸭群停止饮水一段时间，一般寒冷季节停水3～4h，气温较高季节停水1～2h，然后换上加有药物的饮水，让鸭在一定时间内充分喝到药水。

④ 饮水量应适宜。为保证大部分鸭在一定时间内喝到合适剂量的药物，鸭群用药期的饮水量是全天饮水量的1/4～1/3即可，用药时间控制在2h左右。

⑤ 注意水的温度。遇到比较难溶解的药物时，先用温热水将药物充分溶解，然后再逐渐加入凉水、搅匀。

⑥ 防止吸附。在饮水给药时不要在水中添加电解质、维生素类的易黏附物质，会降低药效。

⑦ 注意给药剂量。因为鸭喜欢戏水、甩水，所以会浪费很多药液，在饮水给药时要加倍给药，可以尽量采用拌料给药。

3. 制订合理的用药疗程 用药物预防和治疗疾病时，应制订合理的用药疗程，不可长时间用药，避免出现药物在体内积累而引发蓄积中毒。

4. 合理配伍用药 用药时应根据药物作用机理合理配伍，能用一种药就不用多种。如果同时使用两种或三种药物，药物的作用应该是相互协同或相互增强的，不应该产生颉颃作用或发生毒性作用。

5. 关注药物的敏感性 不同阶段的鸭对药物的敏感性不同，如雏鸭对某些药物具有较强的敏感性，用药时须慎重。

6. 禁止使用过期药物 在使用前应看清药物有效期，过期的药物用于预防和治疗疾病是无效的。有些药品过期后会变质，容易引起不良反应，甚至鸭中毒死亡。

第四节 兽药管理法规与制度

一、兽药管理法规和标准

1. 兽药管理法规 我国第一个《兽药管理条例》（以下简称《条例》）是1987年5月21日由国务院发布的，它标志着我国兽药法制化管理的开始。《条例》自1987年发布以来，在2001年进行了第一次修订，为适应我国加入WTO的形势，2004年进行了全面修改，并于2004年3月24日经国务院第404号令发布并于2004年11月1日起实施。根据《国务院关于修改部分行政法规的决定》，现行《条例》于2014年7月29日再次进行了修订，2016年2月6日进行了第三次修订。

为保障《条例》的实施，农业农村部发布的配套规章有《兽药注册办法》《处方药和非处方药管理办法》《生物制品管理办法》《兽药进口管理办法》《兽药生产管理规范》《兽药经营质量管理规范》《兽药非临床研究质量管理规范》和《兽药临床试验质量管理规范》等。

2. 兽药标准 《条例》第四十五条规定："国家兽药典委员会拟定的、国务院兽医行政管理部门发布的《兽药典》和国务院兽医行政管理部门发布的其他兽药标准为兽药国家标准。"

根据《中华人民共和国标准化法实施条例》，兽药标准属强制性标准。《兽药典》是国家为保证兽药产品质量而制定的具有强制约束力的技术法规，是兽药生产、经营、进出口、使用、检验和监督管理部门共同遵守的法定依据。它不仅对我国的兽药生产具有指导作用，而且是兽药监督管理和兽药使用的技术依据，也是保障动物源性食品安全的基础。《兽药典》先后有1990年版、2000年版、2005年版、2010年版、2015年版共5版。

根据农业部第2513号公告，发布实施了《兽药质量标准》（2017年版），并制定了配套的说明书范本。其中，化学药品卷收载品种共404个；中药卷收载药材、制剂与提取物品种共384个；生物制品卷收载制剂、疫苗、试剂盒、诊断试剂等共228个品种。本标准收载的品种主要来自历版《兽药典》《兽药质量标准》《兽药国家标准》《兽用生物制品质量标准》等。

二、兽药管理制度

1. 兽药监督管理机构 兽药监督管理主要包括兽药国家标准的发布、兽药监督检查权的行使、假劣兽药的查处、原料药和处方药的管理、上市后兽药不良反应的报告、生产许可证和经营许可证的管理、兽药评审程序及兽医行政管理部门、兽药检验机构及其工作人员的监督等。根据新《条例》的规定，国务院兽医行政管理部门负责全国的兽药监督管理工作。县级以上地方人民政府兽医行政管理部门负责本行政区域内的兽药监督管理工作。

2. 兽药注册制度 兽药注册制度指依照法定程序，对拟上市销售的兽药的安全性、有效性、质量可控性等进行系统评价，并做出是否同意进行兽药临床或残留研究、生产兽药或者进口兽药决定的审批，包括对申请变更兽药批准证明文件及其附件中载明内容的审批。

兽药注册包括新兽药注册、进口兽药注册、变更注册和进口兽药再注册。境内申请人按照新兽药注册申请办理，境外申请人按照进口兽药注册和再注册申请办理。新兽药注册申请，指未曾在中国境内上市销售的兽药的注册申请。进口兽药注册申请，指在境外生产的兽药在中国上市销售的注册申请。变更注册申请，指新兽药注册、进口兽药注册经批准后，改变、增加或取消原批准事项或内容的注册申请。

3. 标签和说明书要求 对兽药使用者而言，除了《兽药典》规定内容以外，产品的标签和说明书也是正确使用兽药必须遵循的有法定意义的文件。《条例》规定了一般兽药和特殊兽药在包装标签和说明书上的内容。兽药包装必须按照规定印有或者贴有标签并附有说明书，并必须在显著位置注明“兽用”字样，以避免与人用药品混淆。凡在中国境内销售、使用的兽药，其包装标签及所附说明书的文字必须以中文为主，提供兽药信息的标志及文字说明应当字迹清晰易辨，标示清楚醒目，不得有印字脱落或粘贴不牢等现象。

兽药标签和说明书必须经国务院兽医行政管理部门批准才能使用。兽药标签或者说明书必须载明：①兽药的通用名称。即兽药国家标准中收载的兽药名称。通用名称是药品国际非专利名称（INN）的简称，通用名称不能作为商标注册。标签和说明书不得只标注兽药的商品名。按照国务院兽医行政管理部门的有关规定，兽药的通用名称必须用中文显著标示。②兽药的成分及其含量。兽药标签和说明书上应标明兽药的成分和含量，以满足兽医和使用者的知情权。③兽药规格，便于兽医和使用者计算使用剂量。④兽药的生产企业。⑤兽药批准文号（进口兽药注册证号）。⑥产品批号，以便对出现问题的兽药溯源检查。⑦生产日期和有效期。兽药有效期是涉及兽药效能和使用安全的标识，必须按规定在兽药标签和说明书上予以标注。⑧适应证或功能主治、用法、用量、禁忌、不良反应和注意事项等涉及兽药使用须知、保证用药安全有效的事项。

特殊兽药的标签必须印有规定的警示标志。为了便于识别，保证用药安全，对麻醉药品、精神药品、毒性药品、放射性药品、外用药品、非处方兽药，必须在包装、标签的醒目位置和说明书中注明，并印有符合规定的标志。

4. 兽药广告管理 《条例》规定，在全国重点媒体发布兽药广告的，须经国务院兽医行政管理部门审查批准，取得兽药广告审查批准文号。在地方媒体发布兽药广告的，应当经当地省（自治区、直辖市）人民政府兽医行政管理部门审查批准，取得兽药广告审查批准文号。未取得兽药广告审查批准文号的，属于非法兽药广告，不得发布或刊登。

《条例》还规定，兽药广告的内容应当与兽药说明书的内容相一致。兽药的说明书包含有关兽药的安全性、有效性等基本科学信息。主要包括：兽药名称、性状、药理毒理、药物动力学、适应证、用法与用量、不良反应、禁忌证、注意事项、有效期限、批准文号、生产企业等方面的内容。

兽药广告的内容是否真实，对正确地指导养殖者合理用药、安全用药十分重要，直接关系到动物的生命安全和人体健康。因此，兽药广告的内容必须真实、准确、对公众负责，不允许有欺骗、夸大情况。夸大的广告宣传不但会误导经营者和养殖户，而且延误动物疾病的治疗。

三、兽用处方药与非处方药管理制度

兽药是用于预防、治疗、诊断动物疾病或者有目的地调节动物生理机能的特殊商品。合理使用兽药，可以有效防治动物疾病，促进养殖业的健康发展；使用不当、使用过量或违规使用，将会造成动物或动物源性产品质量安全风险。因此，加强兽药监管，实施兽用处方药和非处方药分类管理制度十分必要。同时，将兽药按处方药和非处方药分类管理，有利于促进我国兽药管理模式与国际通行做法接轨。此外，《条例》第四条规定："国家实行兽用处方药和非处方药分类管理制度"，从法律上明确了该管理制度的合法性和必要性。

根据兽药的安全性和使用风险程度，将兽药分为兽用处方药和非处方药。兽用处方药是指凭兽医处方笺才可购买和使用的兽药。兽用非处方药是指不需要兽医处方笺即可自行购买并按照说明书使用的兽药。对安全性和使用风险程度较大的品种，实行处方管理，在执业兽医指导下使用，减少兽药的滥用，促进合理用药，提高动物源性产品质量安全。

根据农业部 2013 年 2 号令，《兽用处方药和非处方药管理办法》（以下简称《办法》）于 2014 年 3 月 1 日起施行。办法涉及目的、分类、管理部门、标识、生产、经营、买卖、处方、使用和罚则 10 个方面的条款共 18 条。《办法》主要确立了以下 5 种制度：

一是兽药分类管理制度。将兽药分为处方药和非处方药，兽用处方药目录的制定及公布，由农业部负责。

二是兽用处方药和非处方药标识制度。按照《办法》的规定，兽用处方药、非处方药须在标签和说明书上分别标注“兽用处方药”“兽用非处方药”字样。

三是兽用处方药经营制度。兽药经营者应当在经营场所显著位置悬挂或者张贴“兽用处方药必须凭兽医处方购买”的提示语，并对兽用处方药、兽用非处方药分区或分柜摆放。兽用处方药不得采用开架自选方式销售。

四是兽医处方权制度。兽用处方药应当凭兽医处方笺方可买卖，兽医处方笺由依法注册的执业兽医按照其注册的执业范围开具。但进出口兽用处方药或者向动物诊疗机构、科研单位、动物疫病预防控制机构等特殊单位销售兽用处方药的，则无需凭处方买卖。同时，《办法》还对执业兽医处方笺的内容和保存作了明确规定。

五是兽用处方药违法行为处罚制度。对违反《办法》有关规定的，明确了适用《兽药管理条例》予以行政处罚的具体条款。

四、不良反应报告制度

不良反应是指在按规定用法与用量正常应用兽药的过程中产生的与用药目的无关或意外的有害反应。不良反应与兽药的应用有因果关系，一般停止使用兽药后即会消失，有的则需要采取一定的处理措施才会消失。

《条例》规定，"国家实行兽药不良反应报告制度。兽药生产企业、经营企业、兽药使用单位和开具处方的兽医人员发现可能与兽药使用有关的严重不良反应，应当立即向所在地人民政府兽医行政管理部门报告"。首次以法律的形式规定了不良反应的报告制度。

有些兽药在申请注册或者进口注册时，由于科学技术发展的限制或者人们认识水平的限制，当时没有发现对环境或者人类有不良影响，在使用一段时间后，该兽药的不良反应才被发现，这时，就应当立即采取有效措施，防止这种不良反应的扩大或者造成更严重的后果。为了保证兽药的安全、可靠，最终保障人体健康，在使用兽药过程中，发现某种兽药有严重的不良反应，兽药生产企业、经营企业、兽药使用单位和开具处方的兽医师有义务向所在地兽医行政主管部门及时报告。

第二章

鸭常用药物

第一节 抗 菌 药

抗菌药物是具有抑制或杀灭病原菌能力的化学物质。抗生素是由细菌、真菌、放线菌属等微生物产生的能抑制或杀灭其他病原微生物的次级代谢产物，及其化学半合成的衍生物。根据抗菌药物来源及化学结构可分为：①β-内酰胺类，包括青霉素类（青霉素G、氯唑西林、氨苄青霉素、羟氨苄青霉素）、头孢菌素类（头孢唑啉、头孢噻呋、头孢喹肟）及非典型β-内酰胺类（克拉维酸、舒巴坦和他唑巴坦等β-内酰胺酶抑制剂）。②氨基糖甙类包括链霉素、卡那霉素、庆大-小诺霉素、安普霉素、大观霉素和新霉素等。③四环素类，包括四环素、土霉素、多西环素等。④大环内酯类，包括红霉素、泰乐菌素、替米考星等。⑤酰胺醇类，包括甲砜霉素、氟苯尼考。⑥林可胺类，包括林可霉素、克林霉素。⑦多肽类，包括杆菌肽、多黏菌素B。⑧截短侧耳素类，包括泰妙菌素、沃尼妙林等。⑨磺胺类及抗菌增效剂，包括磺胺嘧啶、磺胺间甲氧嘧啶、磺胺氯达嗪、磺胺喹噁啉、甲氧苄啶、二甲氧苄啶。⑩氟喹诺酮类，包括恩诺沙星、达氟沙星、二氟沙星等。⑪喹噁啉类，包括乙酰甲喹。⑫硝基咪唑类，包括甲硝唑、地美硝唑。⑬其他，包括糖肽类、硝基呋喃类、抗真菌药和抗病毒药。

抗菌药物主要是破坏病原微生物的细胞结构或干扰其生长代谢而发挥抗菌活性。随着现代生物化学、分子生物学等发展，抗菌药物作用机理已研究清楚。其抗菌作用机制主要有四种：①抑制细菌细胞壁的合成，如β-内酰胺类，糖肽类药物。②与细胞膜相互作用，影响细胞膜的通透性，如多肽类、抗真菌药。③干扰蛋白质的合成，如氨基糖苷类、四环素类、酰胺醇类、林可胺类、截短侧耳素类等。④干扰叶酸和核酸代谢，如磺胺类、抗菌增效剂可干扰细菌叶酸代谢，而氟喹诺酮类、硝基咪唑类可破坏细菌 DNA 结构或干扰 DNA 的合成、复制。

一、青霉素类

青霉素类分为天然青霉素和半合成青霉素。由于其杀菌力较强，毒性低，价格低廉和使用方便，至今仍是兽医临床控制敏感菌所致感染的常用药物。

·注射用青霉素钠·

本品为青霉素钠的无菌粉末。属杀菌性抗生素，抗菌活性强，主要对多种革兰氏阳性菌和少数革兰氏阴性球菌有作用。主要敏感菌有葡萄球菌、链球菌、猪丹毒杆菌、棒状杆菌、破伤风梭菌、放线菌、炭疽杆菌、螺旋体等。

【作用与用途】主要用于革兰氏阳性菌感染。亦用于放线菌及钩端螺旋体等的感染。

【用法用量】肌内注射，一次量，每 1kg 体重，鸭 5 万单位，每天 2～3 次，连用 2～3d。

【不良反应】（1）主要的不良反应是过敏反应。局部反应表现为注射部位水肿、疼痛，全身反应为荨麻疹、皮疹，严重者可引起休克或死亡。

（2）青霉素可诱导胃肠道的二重感染。

【注意事项】（1）青霉素钠易溶于水，水溶液不稳定，很易水解，随温度升高而水解加速，因此，注射液应在临用前配制。必须保存时，应置冰箱中（2～8℃），可保存 7d，在室温只能保存 24h。

（2）应了解与其他药物的相互作用和配伍禁忌，以免影响青霉素的药效。

【休药期】0d。

·注射用青霉素钾·

本品为青霉素钾的无菌粉末。属杀菌性抗生素，抗菌活性强，主要对多种革兰氏阳性菌和少数革兰氏阴性球菌有作用。主要敏感菌有葡萄球菌、链球菌、猪丹毒杆菌、棒状杆菌、破伤风梭菌、放线菌、炭疽杆菌、螺旋体等。

【作用与用途】主要用于革兰氏阳性菌感染，亦用于放线菌及钩端螺旋体等的感染。

【用法用量】肌内注射，一次量，每 1kg 体重，鸭 5 万单位，每天 2～3 次，连用 2～3d。

【不良反应】①主要的不良反应是过敏反应。局部反应表现为注射部位水肿、疼痛，全身反应为荨麻疹、皮疹，严重者可引起休克或死亡。②青霉素可诱导胃肠道的二重感染。

【注意事项】（1）青霉素钾易溶于水，水溶液不稳定，易水解，随温度升高而水解加速，因此，注射液应在临用前配制。必须保存时，应置冰箱中（2～8℃），可保存 7d，在室温只能保存 24h。

（2）应了解与其他药物的相互作用和配伍禁忌，以免影响青霉素的药效。

【休药期】0d。

二、头孢菌素

头孢菌素是天然头孢菌素的半合成衍生物，抗菌谱广，杀菌活性强，对铜绿假单孢菌、厌氧菌有效，对胃酸、β-内酰胺酶较稳定，毒性低，过敏反应较青霉素少。

·注射用头孢噻呋钠·

本品为头孢噻呋钠的无菌粉末或无菌冻干品。具有广谱杀菌作用，对革兰氏阳性菌和革兰氏阴性菌（包括产β-内酰胺酶菌）均有效。敏感菌主要有多杀性巴氏杆菌、溶血性巴氏杆菌、沙门氏菌、大肠杆菌、链球菌、葡萄球菌等，某些铜绿假单胞菌、肠球菌耐药。

【作用与用途】 β-内酰胺类抗生素。主要用于治疗鸭细菌性疾病。如大肠杆菌、沙门氏菌感染。

【用法与用量】 以头孢噻呋计。皮下注射：1日龄鸭，每羽0.1mg。

【不良反应】（1）可能引起胃肠道菌群紊乱或二重感染。

（2）有一定的肾毒性。

（3）可能出现局部用药一过性疼痛。

【注意事项】 现配现用。

【休药期】 雏鸭0d。

三、氨基糖苷类药物

氨基糖苷类包括天然品（如链霉素、卡那霉素、新霉素、庆大霉素、小诺霉素）和半合成品（如阿米卡星、奈替米星等）。本类药物具有许多共性：①化学性质相似，均为有机碱，与酸成盐，溶于水，碱性环境中抗菌活性强。②体内过程相似，口服难吸收，仅用于肠道感染。肌内注射易吸收，以原型从肾脏排出。③抗菌谱相似，广谱，对革兰氏阴性杆菌有杀灭作用，对革兰氏阳性菌作用弱，对金黄色葡萄球菌敏感。④不良反应相似，均有不同程度的耳毒性、肾毒性和神经肌肉毒性。

·新　霉　素·

新霉素属于氨基糖苷类的天然品，具有广谱、慢性杀菌活性。其作用机制是抑制细菌蛋白质的合成。抗菌谱与卡那霉素相似，对大多数革兰氏阴性杆菌，如大肠杆菌、沙门氏菌、巴氏杆菌等有良好抗菌活性，对金黄色葡萄球菌也有效，但对铜绿假单胞菌、厌氧菌无效。在氨基糖苷类药物中，其毒性最大，具有明显的肾脏、耳和神经肌肉毒性，一般禁用于注射给药，目前仅限于口服或局部用药。

【药物相互作用】在碱性溶液中抗菌活性增强，但毒性会增加；与青霉素类、头孢菌素类、林可霉素等合用起协同作用；与丙磺舒、吲哚美辛合用可提高本品的血药浓度；与含钙、镁等金属离子药物合用可降低本品抗菌活性；与其他氨基糖苷类合用会导致毒性增强；与头孢菌素、红霉素、多黏菌素类、高效利尿药合用，会增强肾毒性。

硫酸新霉素溶液

本品为硫酸新霉素的水溶液。

【作用与用途】抗菌谱与卡那霉素相似。主要用于大肠杆菌、沙门氏菌、变形杆菌等所致感染。

【用法与用量】以新霉素计。混饮：每 1L 水加 50～70mg，连用 3～5d；混饲：每 1kg 饲料 70～150mg，连用 3～5d。

【不良反应】本品在氨基糖苷类药物中毒性最大，但内服给药因不吸收，很少出现毒性反应。

【注意事项】(1) 本品内服可影响维生素 A、维生素 B_{12} 的吸收。

（2）鸭类产蛋期禁用。

【休药期】 5d。

四、四环素类

四环素类分为天然品（如四环素、土霉素和金霉素）和半合成品（如多西环素）。属广谱抑菌药物，对革兰氏阳性菌、革兰氏阴性菌、支原体、衣原体、立克次体、螺旋体和某些原虫有效。但对绿脓杆菌、结核杆菌、真菌、病毒无效。细菌对本类药物易产生耐药性，药物间存在交叉耐药性。养殖业上常用四环素、土霉素、金霉素和多西环素。

·土　霉　素·

土霉素属于四环素类的天然品，具有广谱、快速抑菌活性。其作用机制是抑制细菌蛋白质的合成。抗菌谱与四环素相似，对大多数革兰氏阳性菌、革兰氏阴性菌、支原体、衣原体、立克次体、螺旋体、放线菌和某些原虫有效。但对伤寒杆菌、绿脓杆菌、结核杆菌、真菌、病毒无效。临床上主要用于鸭沙门氏菌病、禽霍乱、葡萄球菌病、链球菌病、坏死杆菌病、放线杆菌病、衣原体感染等。此外，可促进幼鸭的生长发育，提高饲料利用率。

【药物相互作用】 与TMP配伍有协同作用；与青霉素G等快速杀菌药合用，会降低后者疗效；与红霉素等大环内酯类合用，会加大对肝脏的损害；与多肽类、利尿药合用，会增强肾脏毒性；与铁、钙、镁等金属离子会形成不溶性络合物，不宜合用。

土霉素预混料

本品为土霉素碱与适宜基质配制而成。

【作用与用途】 本品属于饲料添加剂。主要用于葡萄球菌等革兰氏阳性菌，大肠杆菌等革兰氏阴性菌，也可用于衣原体、支原体、立克次体、螺旋体、放线菌和某些原虫等感染疾病的预防。促进幼鸭的生长和提高饲料利用率。

【用法与用量】土霉素计。混饲：每 1 000kg 饲料，鸭 0.1～0.3g，连用 3～5d。

【不良反应】（1）按推荐剂量使用，未见不良反应。

（2）剂量过大或长期使用，会导致二重感染。

（3）长期使用可引起肝脂肪变性、坏死。

【注意事项】（1）本品为饲料添加剂，不用于治疗。

（2）遇吸潮、结块、发霉等应停止使用。

（3）忌饮含氯多的自来水或与碱性溶液混合。

（4）勿用金属容器盛药。

（5）应避免与含铁、钙、镁、铝等药物或饲料混合使用。

（6）长期使用，易诱导耐药性的产生或二重感染。

【休药期】5d。

土霉素钙预混剂

本品为土霉素全发酵液中加入碳酸钙，经过滤干燥而制得。

【作用与用途】【用法与用量】【不良反应】【注意事项】【休药期】同土霉素预混料。

·金　霉　素·

本品为四环素类广谱抗生素。对葡萄球菌、溶血性链球菌、炭疽杆菌、破伤风梭菌和梭状芽孢杆菌等革兰氏阳性菌作用较强，但不如 β-内酰胺类。对大肠杆菌、沙门氏菌、布鲁氏菌和巴氏杆菌等革兰氏阴性菌较敏感，但不如氨基糖苷类和酰胺醇类抗生素。对立克次体、衣原体、支原体、螺旋体、放线菌和某些原虫也有抑制作用。

【药物相互作用】金霉素能与钙、镁、铁、铝、锌、锰等多价金属离子形成难溶性的络合物，从而影响药物的吸收。因此，它不宜与含上述多价金属离子的药物、饲料及乳制品共服。

【作用与用途】四环素类抗生素。本品抗菌谱与土霉素相似，但抗菌作用较四环素、土霉素强。鸭内服吸收不完全，生物利用度低。临床主要用于防治鸭慢性呼吸道病、大肠杆菌病。

【用法与用量】以本品计。混饮：每 1L 水，鸭 1～2g。

【不良反应】长期应用可引起胃肠道菌群紊乱。

【注意事项】（1）本品不宜与青霉素类药物和含钙盐、铁盐及多价金属离子的药物或饲料以及碳酸氢钠合用；与强利尿药同用可使肾功能损害加重。

（2）不宜与含氯多的自来水或碱性溶液混合。

【休药期】鸭 7d；蛋鸭产蛋期禁用。

五、大环内酯类

大环内酯类是指由 12～16 元大环内酯环及糖基组成的抗生素，分为天然品和半合成品，代表药有红霉素、罗红霉素、阿奇霉素、泰乐菌素和替米考星。该类药物的共同特点：①均为有机弱碱性化合物，在碱性环境中抗菌活性增强。②抗菌谱略广于青霉素 G，主要作用于革兰氏阳性菌、某些革兰氏阴性球菌、厌氧菌、衣原体及支原体等。③吸收后，血药浓度低，组织中浓度高，不易透过血脑屏障，主要经胆汁排泄，有肠肝循环。④无严重不良反应，毒性低。

酒石酸泰乐菌素

本品为泰乐菌素的酒石酸盐。

【作用与用途】 本品抗菌谱与红霉素相似。对细菌的作用较弱，对支原体属作用强，是大环内酯类中对支原体作用最强的药物之一。用于鸭革兰氏阳性菌及支原体感染。

【用法与用量】 以泰乐菌素计。混饮：治疗革兰氏阳性菌及支原体感染，每 1L 水，鸭 0.5g，连用 3～5d。

【不良反应】（1）酒石酸泰乐菌素可能具有肝毒性，表现为胆汁淤积，也可引起呕吐和腹泻，尤其是高剂量给药时。

（2）与其他大环内酯类一样，具有刺激性，肌内注射可引起剧烈的疼痛。

【注意事项】 蛋鸭产蛋期禁用。

【休药期】 1d。

·泰万菌素·

泰万菌素属大环内酯类抗生素，常用其酒石酸盐。酒石酸泰万菌素对细菌细胞膜通透性好，对细菌 70S 核糖体具有较强的亲和力，可抑制细菌蛋白质的合成，从而抑制细菌的繁殖。

【药物相互作用】 与其他大环内酯类、林可胺类和氯霉素类因作用靶点相同，不宜同时使用；与 β-内酰胺类合用表现为颉颃作用。

【作用与用途】 大环内酯类抗生素。酒石酸泰万菌素对革兰氏阳性菌具有抗菌活性，且对其他抗生素耐药的革兰氏阳性菌有效，对革兰氏阴性菌几乎不起作用。酒石酸泰万菌素对败血型支原体和滑液型支原体具有很强的抗菌活性。

【用法与用量】 以泰万菌素计。混饲：每 1 000kg 饲料，鸭 100～300g，连用 7d。

【不良反应】（1）泰万菌素可能引起人接触性皮炎，避免皮肤和眼睛直接接触本品。

（2）鸭内服后可能出现剂量依赖性肠胃功能紊乱（呕吐、腹泻、肠疼痛等）。

【注意事项】产蛋鸭产蛋期禁用。

【休药期】鸭5d。

·吉他霉素·

吉他霉素属大环内酯类抗生素，抗菌谱近似红霉素，作用机理与红霉素相同。敏感的革兰氏阳性菌有金黄色葡萄球菌（包括耐青霉素金黄色葡萄球菌）、肺炎球菌、链球菌、炭疽杆菌、李氏杆菌、腐败梭菌、气肿疽梭菌等。敏感的革兰氏阴性菌有流感嗜血杆菌、脑膜炎双球菌、巴氏杆菌等。此外，对支原体也有良好作用。对大多数革兰氏阳性菌的抗菌作用略逊于红霉素，对支原体的抗菌作用近似泰乐菌素，对某些革兰氏阴性菌、立克次体、螺旋体也有效，对耐药金黄色葡萄球菌的作用优于红霉素和四环素。

【药物相互作用】吉他霉素与其他大环内酯类、林可胺类和氯霉素类抗微生物药物因作用靶点相同，不宜同时使用；与β-内酰胺类合用表现为颉颃作用。

【作用与用途】本品对革兰氏阳性菌、部分阴性菌、立克次体、螺旋体、支原体、衣原体都有效。特别是对耐药性金黄色葡萄球菌的效力强于四环素、红霉素、竹桃霉素等。临床用途同本类抗生素。此外，也常用作饲料添加剂，以促进畜禽生长和提高饲料转化率。临床上主要用于治疗禽慢性呼吸道病（CRD），改善饲料效益，促进畜禽生长发育。

【用法与用量】按吉他霉素计算，每1L水混饮，鸭250～500mg，连用3～5d。

【不良反应】鸭内服后可出现剂量依赖性胃肠道功能紊乱（呕吐、腹泻、肠疼痛等），发生率较红霉素低。

【注意事项】蛋鸭产蛋期禁用。

【休药期】鸭 7d。

六、磺胺类及抗菌增效剂

·磺胺类药物·

磺胺类药物是完全合成的人工化学药，能抑制病原体叶酸代谢，最终干扰核酸代谢。化学性质稳定，抗菌谱广，对大多数革兰氏阳性、阴性菌有效，对衣原体和某些原虫也有作用，但对螺旋体、立克次体、结核杆菌、支原体等无效。磺胺类药物单独使用，易诱导细菌产生耐药性，常与抗菌增效剂——二甲氧苄啶（DVD）或三甲氧苄啶（TMP）等联合使用，双重阻断细菌叶酸代谢，扩大抗菌范围，增强抗菌活性。主要用于治疗禽霍乱、鸭传染性浆膜炎、鸭副伤寒、链球菌病和球虫病。

【药物相互作用】与二甲氧苄啶或三甲氧苄啶合用起协同作用；与碳酸氢钠合用，能降低磺胺药对肾脏的毒性；不与酸性药物，如青霉素 G、四环素、维生素 C 等合用，否则会导致磺胺析出沉淀；与氧化钙、氯化铵合用会增加对肾脏的毒性。

磺胺二甲嘧啶片

【作用与用途】磺胺类抗菌药，用于敏感菌感染 ，也可用于球虫和弓形虫感染。

【用法与用量】以磺胺二甲嘧啶计，内服：一次量，每 1kg 体重，鸭首次量 140～200mg，维持量 70～100mg。一日 1～ 2 次，连用 3～5d。

【不良反应】磺胺或其代谢物可在尿液中产生沉淀 ，在高剂量给药或低剂量长期给药时更易产生结晶，引起结晶尿、血尿或肾小管堵塞。

【注意事项】（1）易在泌尿道中析出结晶，应给患鸭大量饮水。大剂量、长期应用时宜同时给予等量的碳酸氢钠。

（2）肾功能受损时，排泄缓慢，应慎用。

（3）可引起肠道菌群失调，长期应用可引起B族维生素和维生素K的合成和吸收减少，应补充相应的维生素。

【休药期】 10d。

·磺胺间甲氧嘧啶·

磺胺间甲氧嘧啶为磺胺类抗菌药，通过竞争二氢叶酸合成酶抑制细菌二氢叶酸的合成，常与磺胺类抗菌增效剂（甲氧苄啶等）合用，后者则通过抑制二氢叶酸还原酶，使二氢叶酸不能还原成四氢叶酸。两者合用，可以双重阻断叶酸的代谢，产生协同抗菌作用。磺胺间甲氧嘧啶内服吸收良好，血中浓度高，乙酰化率低，且乙酰化物在尿中溶解度大，不易发生结晶尿。

【药物相互作用】 与甲氧苄啶等抗菌增效剂合用有协同作用。

复方磺胺间甲氧嘧啶预混剂

本品是由磺胺间甲氧嘧啶、三甲氧苄啶与适宜的基质配制而成。

【作用与用途】 磺胺间甲氧嘧啶属于长效磺胺药，也是体内外抗菌活性最强的磺胺药。其与TMP按5∶1比例制备成复方磺胺间甲氧嘧啶，通过双重阻断叶酸的代谢来抑制细菌的繁殖。对大多数革兰氏阳性菌、革兰氏阴性菌有较强的抑菌作用，不易诱导细菌耐药性的产生。内服吸收良好，血药浓度高，乙酰化率低，不易在肾脏中沉积。临床上主要用于鸭霍乱、鸭副伤寒、链球菌病和球虫感染等。

【用法与用量】 以磺胺间甲氧嘧啶计。混饲：每1 000kg饲料，鸭1 000g。

【不良反应】 长期或过量使用会导致禽类中毒，主要表现出痉挛等神经症状，雏鸭急性中毒时会出现大批死亡。鸭慢性中毒主要表现神经沉郁、采食量下降或不食、饮水增加、贫血、拉稀、增重减慢。产蛋期主要表现为产蛋率下降，蛋破损率升高，产软壳蛋、薄壳蛋。

【注意事项】（1）本品不易长期使用，连续使用不超过10d。

（2）鸭产蛋期和宰前10d停止使用。

【休药期】 28d。

·磺胺对甲氧嘧啶·

磺胺对甲氧嘧啶为磺胺类抗菌药，通过竞争二氢叶酸合成酶抑制细菌二氢叶酸的合成，常与磺胺类抗菌增效剂（甲氧苄啶等）合用，后者则通过抑制二氢叶酸还原酶，使二氢叶酸不能还原成四氢叶酸。两者合用，可以双重阻断叶酸的代谢，产生协同抗菌作用。磺胺对甲氧嘧啶对革兰氏阳性菌和革兰氏阴性菌如化脓性链球菌、沙门氏菌和肺炎杆菌等均有良好的抗菌作用。

【药物相互作用】 磺胺对甲氧嘧啶与二氨基嘧啶类抗菌增效剂合用，可产生协同作用；某些含对氨基苯甲酰基的药物如普鲁卡因、丁卡因等在体内可生成对氨基苯甲酸，酵母片中含有细菌代谢所需要的对氨基苯甲酸，均可降低本药作用，因此，不宜合用；与噻嗪类或速尿等利尿剂同用，可加重肾毒性。

磺胺对甲氧嘧啶二甲氧苄啶预混剂

本品由磺胺对甲氧苄啶、二甲氧苄啶与适宜的基质配制而成。

【作用与用途】 磺胺对甲氧嘧啶抗菌谱广，对革兰氏阴性菌、阳性菌均有抗菌作用，对原虫，如球虫有效。其抗菌活性不及磺胺间甲氧苄啶。临床上常与二甲氧苄啶按5∶1比例制成预混剂，主要控制鸭链球菌病、鸭霍乱、鸭副伤寒和球虫病。

【用法与用量】以磺胺对甲氧嘧啶计。混饲：每 1 000kg 饲料，鸭1 000g。

【不良反应】同复方磺胺间甲氧嘧啶预混剂。

【注意事项】同复方磺胺间甲氧嘧啶预混剂。

【休药期】10d。

磺胺甲噁唑可溶性粉

【作用与用途】磺胺甲噁唑属于长效磺胺类药，内服易吸收，吸收慢，血浆蛋白结合率较低，乙酰化率高，容易出现结晶尿和血尿。临床主要用于鸭葡萄球菌、大肠杆菌、鸭疫里默氏杆菌感染及鸭传染性浆膜炎等。

【用法与用量】以磺胺甲噁唑计。混饮：每 1L 水，鸭 1g，连用 3d。

【不良反应】长期或大量使用可损害肾脏和神经系统，影响增重，并可能发生磺胺药中毒。

【注意事项】连续用药不宜超过 1 周。

【休药期】28d。

七、氟喹诺酮类

氟喹诺酮类是一类人工合成的含有 4 -喹诺酮环母核，在母核 6 位碳引入氟，并在 7 位侧链上有哌嗪或甲基噁唑环结构的抗菌药物。兽医临床常用的有环丙沙星、恩诺沙星及达氟沙星等。该类药物具有共同特点：①杀菌力强，抗菌谱广。对革兰氏阳性菌，革兰氏阴性菌包括铜绿假单胞菌有强大的杀菌活性，某些药物对厌氧菌、结核杆菌、衣原体和支原体也有效。②药动学特性优良。吸收快，分布广，能分布到深部组织，组织中药物浓度高，半衰期长。③抗菌作用独特，与其他抗菌药无交叉耐药性。④使用方便，毒性低，副作用少，但会导致幼龄动物软骨发育受损。

·环丙沙星·

环丙沙星属于氟喹诺酮类药物。口服及肌内注射后均易被吸收，吸收后广泛分布于各种组织及体液中，组织中浓度超过血药浓度。抗菌活性强，广谱，对革兰氏阳性、阴性菌作用强，对厌氧菌、绿脓杆菌、结核杆菌、支原体也有较强作用。临床上主要用于鸭大肠杆菌病、沙门氏菌病、禽霍乱、传染性鼻炎、葡萄球菌病、慢性呼吸道病等。

【药物相互作用】与β-内酰胺类、氨基糖苷类、磺胺类、TMP等合用起协同作用；与四环素类、氟苯尼考等配伍，疗效降低；铁、钙、镁等含金属离子药物与本品合用可形成络合物，抑制本品的吸收；与克林霉素混合注射会发生沉淀，存在配伍禁忌；与氨茶碱联合，能抑制后者代谢，导致毒副作用增强。

盐酸环丙沙星注射液

本品为盐酸环丙沙星的灭菌水溶液。

【作用与用途】用于鸭细菌和支原体感染。

【用法与用量】以环丙沙星计。肌内注射：一次量，每1kg体重5～10mg，一日2次，连用2～3d。

【不良反应】本品毒性较小，安全范围广泛。但会造成幼龄动物软骨损害，影响发育。

【注意事项】（1）本品遇光易变色分解，应避光保存。

（2）肌内注射有一过性刺激性。

（3）产蛋期禁用。

【休药期】28d。

乳酸环丙沙星注射液

本品为乳酸环丙沙星的灭菌水溶液。

【作用与用途】【用法与用量】【不良反应】【注意事项】【休药期】 同盐酸环丙沙星注射液。

乳酸环丙沙星可溶性粉

本品由乳酸环丙沙星与葡萄糖配制而成。

【作用与用途】 用于鸭细菌和支原体感染。

【用法与用量】 以环丙沙星计。混饮：每 1L 水，40～80mg，一日 2 次，连用 2～3d。

【不良反应】 本品毒性较小，安全范围广泛。但会造成幼龄动物软骨损害，影响发育。

【注意事项】 产蛋期禁用。

【休药期】 8d。

·恩 诺 沙 星·

本品是动物专用的氟喹诺酮类药物。具有高效、广谱的杀菌活性。对大肠杆菌、沙门氏菌、克雷伯氏菌、巴氏杆菌、变形杆菌、金黄色葡萄球菌、支原体和衣原体具有良好作用，尤其对于支原体的抗菌活性强，对于耐大环内酯类的支原体也有作用。对绿脓杆菌、链球菌、厌氧菌作用较弱。其对敏感菌有明显的抗菌后效应，且有明显的浓度依赖性，血药浓度大于 8 倍 MIC 时发挥疗效好。口服、肌内注射和皮下注射吸收快而且完全，组织中药物浓度高于血药浓度，有利于全身性感染的治疗。临床上主要用于禽支原体病、大肠杆菌病、沙门氏菌病、禽霍乱、葡萄球菌病等。

【药物相互作用】 与广谱青霉素类、氨基糖苷类、TMP 合用有协同作用；与含铁、钙、镁等金属离子的药物发生络合反应，影响药物吸收；与茶碱、咖啡因合用时会导致后者血药浓度异常升高，严重时会出现茶碱等中毒症状。本品为肝药酶抑制剂，可导致其他药物在肝脏的代谢率降低，血药浓度升高。

恩诺沙星可溶性粉

本品为恩诺沙星与葡萄糖配制而成。

【作用与用途】用于禽细菌和支原体感染。

【用法与用量】以恩诺沙星计。混饮：每 1L 水，25～75mg。一日 2 次，连用 3～5d。

【不良反应】本品毒性较小，安全范围广泛。但会造成幼龄动物软骨损害，影响发育。

【注意事项】产蛋期禁用。

【休药期】8d。

·达 氟 沙 星·

达氟沙星属于动物专用氟喹诺酮类药物。具有杀菌力强、抗菌谱广的特点。对革兰氏阳性菌、革兰氏阴性菌，以及衣原体和支原体有效。生物利用度高，在肺组织中药物浓度可达血浆的 5～7 倍，对细菌、支原体等引起的呼吸道感染疗效好。临床上主要用于鸭大肠杆菌病、沙门氏菌病、禽霍乱、绿脓杆菌病、葡萄球菌病、鸭疫里默氏杆菌及支原体感染等。

【药物相互作用】同环丙沙星。

甲磺酸达氟沙星粉

本品为甲磺酸达氟沙星与适宜的辅料配制而成。

【作用与用途】广谱杀菌药物。对大肠杆菌、沙门氏菌、巴氏杆菌、金黄色葡萄球菌、衣原体、支原体有良好作用。在体内吸收迅速，分布范围广。主要用于鸭顽固性大肠杆菌病、沙门氏菌病、鸭传染性浆膜炎、坏死性肠炎、葡萄球菌病和支原体感染的治疗。

【用法与用量】以达氟沙星计。内服：每1kg体重，鸭2.5～5mg，一日一次，连用3d；混饮：每1L水加25～50mg，连用3～5d；混饲：每1 000kg饲料，鸭50～100g，连用3～5d。

【不良反应】对幼龄动物可造成软骨损害。

【注意事项】含钙、镁等金属离子药物或饲料能抑制本品吸收，应避免同时使用。鸭产蛋期禁用。

【休药期】5d。

甲磺酸达氟沙星溶液

本品为甲磺酸达氟沙星的水溶液。

【作用与用途】【用法与用量】【不良反应】【注意事项】与**【休药期】**同甲磺酸达氟沙星粉。

八、硝基咪唑类

硝基咪唑类药物属于硝基杂环化合物，是一类具有抗原虫和抗菌活性的药物。该类药物主要有甲硝唑、地美硝唑等，主要用于厌氧菌、原虫感染。该类药物仅能做治疗用药，禁止用于促生长。水禽对该类药物十分敏感，剂量过大会导致运动平衡失调等神经症状，产蛋鸭禁用。

·地美硝唑·

地美硝唑属于硝基咪唑类药物。该类药物具有抗原虫和抗菌活性，同时具有很强的抗厌氧菌作用。其作用机制为通过硝基在无氧环境中还原为氨基，或通过形成自由基，抑制病原体 DNA 的合成而起作用。临床上主要用于禽组织滴虫、毛滴虫感染及坏死性肠炎等疾病。

【药物相互作用】与其他抗生素联合使用，可扩大抗菌谱，提高抗菌活性；与氟喹诺酮类合用有协同作用；与土霉素合用，可影响本品抗组织滴虫活性；与马杜霉素合用，可使后者毒性增强。

地美硝唑预混剂

本品为地美硝唑与适宜的基质配制而成。

【作用与用途】本品具有广谱抗菌作用，尤其对拟杆菌属、梭状芽孢杆菌属、产气荚膜梭菌、粪肠球菌等厌氧菌作用强，对肠弧菌、葡萄球菌、链球菌、密螺旋体，以及禽类组织滴虫、纤毛虫、六鞭毛虫等原虫感染也有显著抑制作用。主要防治鸭的组织滴虫病、六鞭毛虫病、坏死性肠炎等。

【用法与用量】以地美硝唑计。混饲：每 1 000kg 饲料，鸭 400～2 500g，连用 3～5d。

【不良反应】鸭较敏感，大剂量会引起运动平衡失调，肝、肾功能损伤。

【注意事项】（1）不能与其他抗组织滴虫联合使用。

（2）鸭连续使用不宜超过 10d。

（3）产蛋期禁用。

【休药期】3d。

九、其他

·黄　霉　素·

黄霉素属多糖类窄谱抗生素，内服几乎不吸收。其作用机制是干扰细菌细胞壁肽聚糖的合成从而抑制细菌繁殖。主要对革兰氏阳性菌有强大抗菌活性，但对革兰氏阴性菌作用弱。此外，可促进生长和改善饲料报酬。临床主要用于鸭类消化道革兰氏阳性菌感染，对耐药菌感染也有效。本品专用作雏鸭的饲料添加剂，促进生长，提高饲料效益。

【药物相互作用】与磺胺类、红霉素、林可霉素、泰妙菌素、聚醚类离子载体抗生素合用起协同作用。

黄霉素预混剂

本品为黄霉素与碳酸钙配制而成。

【作用与用途】本品为磷酸化多糖类抗生素的饲料添加剂。对革兰氏阳性菌，包括对其他抗生素耐药的革兰氏阳性菌也有效，但对革兰氏阴性菌、病毒、真菌几乎无效。在肠道内几乎不吸收，排泄快，毒性低，无残留。主要用于肠道革兰氏阳性菌感染的预防，以及促进动物生长和提高饲料转化率。

【用法与用量】以黄霉素计。混饲：每1 000kg饲料5g。

【不良反应】本品毒性极低，安全范围广，尚未发现不良反应。

【注意事项】不宜用于成年鸭，预混剂规格较多，使用时应注意用量的换算。

【休药期】0d。

黄霉素预混剂（发酵）

本品为黄霉素发酵液经喷雾干燥与载体（如碳酸钙）均匀混合而成。

【作用与用途】【用法与用量】【不良反应】【注意事项】与**【休药期】**同黄霉素预混料。

·维吉尼亚霉素·

抗生素类药。通过抑制革兰氏阳性菌蛋白质合成而达到抗菌目的，小剂量能提高饲料转化率，促进畜禽生长。内服不吸收，主要由粪便排出体外。

【作用与用途】主要抗革兰氏阳性菌如金黄色葡萄球菌、表皮葡萄球菌、藤黄八叠球菌、蜡状芽孢杆菌等。对耐其他抗生素的革兰氏阳性菌菌株也有效。维吉尼亚霉素内服不易吸收。注射给药后在体内广泛分布，以肝、脾、肾中浓度最高，大部分经尿排泄。维吉尼亚霉素多用作饲料药物添加剂。

【用法与用量】以维吉尼亚霉素计。混饲：每 1 000kg 饲料 5～20g。

【不良反应】按推荐使用无不良反应。

【注意事项】产蛋鸭禁用。

【休药期】1d。

·那　西　肽·

本品属于鸭专用抗生素。对革兰氏阳性菌的抗菌活性较强，如葡萄球菌、梭状芽孢杆菌对其敏感。作用机制是抑制细菌蛋白质合成，低浓度抑菌，高浓度有杀菌作用。对鸭有促进生长、提高饲料转化率的作用。本品混饲给药在消化道中很少吸收。

那西肽预混剂

本品由那西肽与适宜辅料制备而成。

【作用与用途】抗生素类药。促进鸭的生长，提高饲料利用率。

【用法与用量】以那西肽计。混饲：每 1 000kg 饲料，2.5g。

【不良反应】按规定的用法与用量使用未见不良反应。

【注意事项】蛋鸭产蛋期禁用。

【休药期】鸭 7d。

·杆菌肽锌·

杆菌肽锌是杆菌肽与锌离子形成的络合物，为多肽类抗生素。抗菌作用机理与青霉素相似，主要抑制细菌细胞壁合成。此外，杆菌肽又与敏感细菌细胞膜结合，损害细菌细胞膜的完整性，导致营养物质与离子外流。本品的抗菌作用机理具有特殊性，因而不与其他抗菌药物产生交叉耐药性。细菌对本品产生耐药性缓慢，产生获得性耐药菌也较少，但金黄色葡萄球菌较其他菌易产生耐药性。

【药物相互作用】本品与青霉素、链霉素、新霉素、黏菌素等合用有协同作用；本品和黏菌素组成的复方制剂与土霉素、金霉素、吉他霉素、恩拉霉素、维吉尼亚霉素和喹乙醇等有颉颃作用。

【作用与用途】杆菌肽锌对革兰氏阳性细菌有强烈抗菌效果，对部分革兰氏阴性菌也具有抗菌性。本品作用机制与青霉素相似，对多数革兰阳性菌如金黄色葡萄球菌、溶血性链球菌、肺炎球菌等有较强的抗菌活性，对少数革兰阴性菌如脑膜炎双球菌、流感杆菌有效，对螺旋体和放线菌亦有一定作用。革兰阴性菌对本品耐药。

【用法与用量】混饲：防治鸭细菌性肠炎，每 1 000kg 饲料中添加 50～100g。

【不良反应】注射给药对肾脏毒性大，不宜注射给药。

【休药期】鸭使用本品的休药期为 0d，使用杆菌肽锌、硫酸黏杆菌素预混剂的休药期为 7d。蛋鸭产蛋期禁用。

第二节　抗寄生虫药

一、抗蠕虫药

（一）抗线虫药

·磷 酸 哌 嗪·

本品为窄谱驱线虫药。蛔虫对磷酸哌嗪很敏感，异刺线虫不敏感。临床主要用于各种动物的蛔虫驱除。本品主要通过对敏感线虫产生箭毒样作用，使虫体麻痹，从而使宿主通过粪便排出虫体。成熟的虫体对磷酸哌嗪较敏感，幼虫和腔驻留幼虫可被部分驱除，宿主组织中的幼虫则不敏感。由于不敏感幼虫的继续发育，临床应用磷酸哌嗪驱虫时应进行重复给药治疗，才能取得较好效果。

【药物相互作用】与左旋咪唑、硫双二氯酚联用有协同作用；与噻嘧啶、甲嘧啶联用，可导致药效降低；与亚硝酸盐联用时，两者的代谢产物均具有较强的致癌作用；与氯丙嗪联用可引起抽搐；与泻药如硫酸镁等联用可导致排泄加速而疗效降低。

磷酸哌嗪片

【作用与用途】主要用于鸭的蛔虫病。

【用法与用量】以磷酸哌嗪计。内服：一次量，每 1kg 体重，0.2～0.5g。

【不良反应】按规定的用法与用量使用罕见不良反应，在并发胃肠炎时也可安全使用。

【注意事项】（1）对未成熟虫体作用较弱，鸭通常间隔 10～14d

后重复给药。

(2) 饮水或混饲给药时应在8～12h内用完，动物还应禁食一夜。

(3) 不能与噻嘧啶、甲噻嘧啶、亚硝酸盐等并用。

(4) 慢性肝、肾疾病及胃肠道功能减弱时慎用。

【休药期】 14d。

·枸橼酸哌嗪·

本品为窄谱驱线虫药。蛔虫对磷酸哌嗪很敏感，异刺线虫不敏感。临床主要用于各种动物的蛔虫驱除。本品主要通过对敏感线虫产生箭毒样作用，使虫体麻痹，从而使宿主通过粪便排出虫体。成熟的虫体对磷酸哌嗪较敏感，幼虫和腔驻留幼虫可被部分驱除，宿主组织中的幼虫则不敏感。由于不敏感幼虫的继续发育，临床应用磷酸哌嗪驱虫时应进行重复给药治疗，才能取得较好效果。

【药物相互作用】 与左旋咪唑、硫双二氯酚联用有协同作用；与噻嘧啶、甲嘧啶联用，可导致药效降低；与亚硝酸盐联用时，两者的代谢产物均具有较强的致癌作用；与氯丙嗪联用可引起抽搐；与泻药如硫酸镁等联用可导致排泄加速而疗效降低。

枸橼酸哌嗪片

【用法与用量】 以枸橼酸哌嗪计。内服：一次量，每1kg体重，0.25g。

【作用与用途】【不良反应】【注意事项】 与 **【休药期】** 同磷酸哌嗪片。

·阿苯达唑·

阿苯达唑又名丙硫苯咪唑，为苯并咪唑类驱虫药，具有广谱、高效、低毒的特点。对畜禽多种线虫均有高效，对绦虫和吸虫也有较强作用，可同时驱除混合感染的多种寄生虫。本品不但对成虫作用强，对未成熟虫体和幼虫也有较强作用，还有杀虫卵作用。易由消化道吸收，在肝脏的代谢产物亚砜具有抗蠕虫活性。其主要作用在于抑制虫体延胡索酸还原酶，阻止虫体能量的生成。

阿苯达唑对鸭的假头绦虫、膜壳绦虫、片形皱缘绦虫、矛形剑带绦虫和船形嗜气管吸虫（环腔吸虫）等都有良好的驱除效力。本品主要用于鸭的线虫病、绦虫病和吸虫病的治疗。

【药物相互作用】与吡喹酮联用，可增大本品在血浆中的浓度；高脂饲料可提高本品的吸收率。

阿苯达唑片

【作用与用途】抗蠕虫药。主要用于线虫病、绦虫病和吸虫病。

【用法与用量】以阿苯达唑计。内服：一次量，每 1kg 体重，10～20mg。

【不良反应】按规定的用法与用量使用不良反应较小。

【注意事项】连续长期使用本品，能使蠕虫产生耐药性，与其他苯并咪唑类药物可能产生交叉耐药性。

【休药期】4d。

·甲苯咪唑·

甲苯咪唑又名甲苯达唑，驱虫谱与阿苯达唑相似，除对胃肠道线虫有高效外，对某些绦虫、旋毛虫也有较好作用。对鸭蛔虫、毛细线虫、异刺线虫、比翼线虫、裂口线虫、类圆线虫及绦虫等有较好的驱除效果。临床上用于治疗鸭的绦虫病和线虫病，不良反应较小。

甲苯咪唑溶解度较小，内服吸收较少，鸭内服后，24～48h 内约80％以原形从粪便排泄。临床主要用于鸭胃肠道寄生虫。

【药物相互作用】脂肪、油性物质可提高本品的吸收率而使本品毒性增强。

复方甲苯咪唑粉

本品为甲苯咪唑与盐酸左旋咪唑的制剂。

【作用与用途】抗蠕虫药。主要用于鸭胃肠道线虫病。

【用法与用量】以本品计。内服，一次量，每 1kg 体重，30～100mg。

【不良反应】本品毒性较小。

【注意事项】连续长期使用本品，能使蠕虫产生耐药性，并且与苯并咪唑类其他药物存在交叉耐药性。本品对实验动物具有致畸作用。

【休药期】14d。

·芬苯达唑·

芬苯达唑又称苯硫苯咪唑或硫苯咪唑。为广谱、高效、低毒的苯并咪唑类抗寄生虫药。主要对畜禽线虫和绦虫有效，对蛔虫、锯刺线虫、毛细线虫及吸虫感染严重的鸭有高效。作用机制同阿苯达唑，作用略强于后者，但抗虫谱较窄。本品内服给药后吸收少且较慢，在肝脏中主要代谢生成砜和亚砜，其中后者也有驱虫活性。临床上主要用于鸭胃肠道线虫病和绦虫病。

【药物相互作用】与吡喹酮联用，可增大本品在血浆中的浓度；高脂饲料可提高本品的吸收率；与辛硫磷联用，毒性增强。

芬苯达唑片

【作用与用途】抗蠕虫药。用于鸭线虫病和绦虫病。

【用法与用量】以芬苯达唑计。内服：一次量，每 1kg 体重，

10～50mg。

【不良反应】 按规定的用法与用量使用，一般不会产生不良反应。

【注意事项】 连续长期使用，可引起蠕虫出现耐药性。

【休药期】 无对鸭的相关规定。

芬苯达唑粉

【用法与用量】 以芬苯达唑计。内服，一次量，每 1kg 体重，10～15mg。

【休药期】 无对鸭的相关规定。

【作用与用途】【不良反应】【注意事项】 同芬苯达唑片。

·左旋咪唑·

左旋咪唑又称左咪唑，为广谱、高效、低毒的咪唑并噻唑类驱线虫药，对家禽的多种胃肠道线虫有效，但对消化道寄生幼虫及童虫驱虫效果没有对成虫好。目前认为其抗虫机制与抑制虫体延胡索酸还原酶有关。除抗寄生虫作用外，本品尚有明显的免疫增强功能，能使免疫缺陷或免疫抑制的动物恢复免疫功能，但对正常机体的免疫功能无明显影响，在动物生产中常用于免疫抑制动物的辅助治疗及提高疫苗的免疫效果。

【药物相互作用】 与其他的类似尼古丁的化合物（噻嘧啶、莫仑太尔、乙胺嗪）或胆碱酯酶抑制剂（有机磷酸盐、新斯的明）联用可能增强左旋咪唑的毒性，因此，一般在应用有机磷化合物 14d 内禁用左旋咪唑；与伊维菌素、阿苯达唑类联用可扩大抗寄生虫范围；与噻苯咪唑联用可用于治疗胃肠道线虫混合感染；与疫苗联用，可提高疫苗的效果；与碱性药物联用，可使左旋咪唑分解失效；与含乙醇的药物联用，可能引起严重的不良反应。

盐酸左旋咪唑片

【作用与用途】 广谱抗蠕虫药。主要用于鸭的胃肠道线虫感染。作为免疫增强剂用于免疫功能低下鸭的辅助治疗及提高疫苗的免疫效果。

【用法与用量】 以盐酸左旋咪唑计。内服：一次量，每 1kg 体重，25mg。

【不良反应】 大剂量应用本品可能导致精神沉郁、共济失调、翅膀麻痹、瞳孔散大等中毒症状，甚至死亡。

【注意事项】（1）本品口服对鸭安全范围较大，给予 10 倍治疗量未见死亡。但局部注射时，对组织有较强的刺激性。

（2）中毒症状与有机磷农药中毒相似，中毒后可用阿托品解救。

（3）极度衰弱或严重肝肾损伤时应慎用。

【休药期】 28d。

盐酸左旋咪唑注射液

【作用与用途】【用法与用量】【不良反应】【注意事项】 与 **【休药期】** 同盐酸左旋咪唑片。

（二）抗绦虫药

·氯硝柳胺·

氯硝柳胺又称灭绦灵，具有驱绦虫谱广、驱虫效果良好、安全低毒等优点。主要通过干扰绦虫的三羧酸循环，使乳酸蓄积而发挥杀绦虫作用。通常本品接触绦虫 1h 后，虫体即出现萎缩，用药 48h 后，虫体即全部排出。本品对部分吸虫也有较好的驱杀作用，临床主要用于绦虫和吸虫病。

【药物相互作用】与左旋咪唑联用可扩大抗虫谱，增效对绦虫和线虫的驱杀作用。

氯硝柳胺片

【作用与用途】抗蠕虫药。用于畜禽绦虫病及吸虫病。

【用法与用量】以氯硝柳胺计。内服：一次量，每 1kg 体重，50～60mg。

【不良反应】本品安全范围较广，推荐剂量下不产生毒性。

【注意事项】在给药前，应禁食 12h。

【休药期】28d。

（三）抗吸虫药

·吡 喹 酮·

本品为广谱、高效、低毒的抗绦虫药和抗吸虫药。对家禽的多种吸虫（如东方次睾吸虫、棘口吸虫、嗜气管吸虫）和多种绦虫（如矛形剑带绦虫、膜壳绦虫、斯氏双睾绦虫、片形皱缘绦虫、细小匙沟绦虫、微细小体钩绦虫和冠双盔绦虫）均有效。对多数绦虫的成虫和幼虫有良效，一次应用治疗量即可驱除大多数绦虫。

本品内服后吸收迅速且完全，但有显著的首过效应。吸收后可广泛分布于全身各种组织，中枢神经系统中也有较高浓度分布，有利于驱除宿主器官中的幼虫。临床主要用于家禽的吸虫病、绦虫病。

【药物相互作用】与阿苯达唑、地塞米松联用，可降低吡喹酮的血药浓度；与阿维菌素类联用可拓宽抗寄生虫谱。

吡喹酮片

【作用与用途】抗蠕虫药。主要用于吸虫病和绦虫病。

【用法与用量】以吡喹酮计。内服：一次量，每 1kg 体重，10～20mg。

【不良反应】本品常规剂量下对鸭毒性极小。大剂量皮下注射有时会出现局部刺激反应甚至坏死。

【注意事项】当肝功能严重损害时应减量使用。

【休药期】28d。

二、抗球虫药

·氯羟吡啶·

氯羟吡啶又称氯吡啶、克球多，为吡啶类抗球虫药。抗球虫谱较广，对多种鸭球虫均有良好效果，尤其对柔嫩艾美耳球虫作用最强。本品的作用峰期是子孢子期（感染后第 1 天），在用药后 60d 内可持续抑制子孢子在鸭肠道上皮细胞内的发育。因此，本品对球虫的抑制作用超过杀灭作用，主要用于球虫的预防。

除预防球虫病外，本品还具有提高饲料转化率、促进鸭生长发育等作用。

【药物相互作用】与苄氧喹甲酯联合应用有一定的协同效应。

氯羟吡啶预混剂

【作用与用途】抗球虫药。主要用于预防鸭球虫病。

【用法与用量】以本品计，混饲：每 1 000kg 饲料，500g。

【不良反应】能抑制鸭对球虫产生免疫力。

【注意事项】(1) 本品主要用于鸭球虫病的预防用药，治疗效果较差。

(2) 球虫对本品易产生耐药性，必须科学地轮换使用其他抗球虫药；若耐药性已经产生，不能换用癸氧喹酯等喹啉类抗球虫药。

（3）产蛋期禁用。

【休药期】5d。

·盐酸氨丙啉·

本品为广谱抗球虫药，结构与维生素 B_1 相似，通过竞争性地抑制球虫对维生素 B_1 的摄取利用，妨碍虫体细胞内糖代谢过程，从而抑制球虫的发育。主要作用于球虫第一代裂殖体（感染后第 3 天），对有性繁殖阶段和子孢子也有一定的抑制作用。本品对柔嫩艾美耳球虫、堆型艾美耳球虫等盲肠球虫的作用较强，对毒害艾美耳球虫、布氏艾美耳球虫、巨型艾美耳球虫等小肠球虫的作用较差。乙氧酰胺苯甲酯则可扩大本品的抗球虫谱，增强抗球虫活性，临床上常与之联用，用于防治鸭的球虫病。

【药物相互作用】与乙氧酰胺苯甲酯、磺胺喹噁啉联用可扩大抗球虫谱并增强抗球虫效果；与维生素 B_1 联用能产生颉颃作用，降低本品疗效；禁止与尼卡巴嗪及聚醚类抗生素（如海南霉素等）联用。

盐酸氨丙啉乙氧酰胺苯甲酯预混剂

【作用与用途】抗球虫药。用于鸭球虫病。

【用法与用量】以本品计，混饲：每 1 000kg 饲料，500g。

【不良反应】预混剂中的氨丙啉与维生素 B_1 间存在竞争性颉颃作用，故大剂量长期应用可能导致维生素 B_1 缺乏。

【注意事项】（1）饲料中的维生素 B_1 含量在 10mg/kg 以上时，能颉颃本品的抗球虫作用。

（2）本品性质稳定，可与多种维生素、矿物质、抗菌药混合，但在饲料中会缓慢分解，在室温下贮藏 60d，平均失效 80%。因此，本品宜现用现配。

【休药期】3d。

盐酸氨丙啉乙氧酰胺苯甲酯磺胺喹噁啉预混剂

【作用与用途】【用法与用量】【注意事项】参见盐酸氨丙啉乙氧酰胺苯甲酯预混剂。

【休药期】7d。

·乙氧酰胺苯甲酯·

乙氧酰胺苯甲酯又名乙帕巴酸酯、衣索巴，为抗球虫药的增效剂，主要能增强氨丙啉、磺胺喹噁啉的抗球虫作用。本品抗球虫机制与TMP相似，能阻断球虫四氢叶酸的合成。作用峰期是球虫感染后第4天。本品对小肠球虫具有较强作用，但对柔嫩艾美耳球虫等盲肠球虫作用不佳，与氨丙啉、磺胺喹噁啉合用，能扩大驱球虫谱，同时增强抗球虫药效。因此，临床一般不单独使用，主要与氨丙啉等配成预混剂应用。

【药物相互作用】与氨丙啉、磺胺喹噁啉、尼卡巴嗪联用可扩大驱虫谱，增强药效。

·地 克 珠 利·

地克珠利为三嗪类广谱抗球虫药，具有广谱、高效、低毒的特点。具有杀球虫效应，对球虫发育的各个阶段均有效，作用峰期在子孢子和第一代裂殖体的早期阶段。对鸭球虫有良好的效果，防治效果明显优于莫能菌素、氨丙啉、尼卡巴嗪、氯羟吡啶等抗球虫药。地克珠利是目前混饲浓度最低的一种抗球虫药。本品半衰期短，停药2d后作用基本消失，临床可用于预防鸭的各种球虫病。

【药物相互作用】与氨丙啉、马杜霉素配伍，可增强对球虫病的防治效果；与维吉霉素配伍可用于预防肉鸭的球虫病和细菌病；与新霉素、维生素配伍可以预防球虫病及肠道细菌混合感染。

地克珠利预混剂

【作用与用途】 抗球虫药。用于预防鸭球虫病。

【用法与用量】 以地克珠利计。混饲：每 1 000kg 饲料，1g。

【不良反应】 按推荐剂量使用，未见不良反应。

【注意事项】（1）本品药效期短，停药 1d 抗球虫作用明显减弱，2d 后作用基本消失。因此，必须连续用药以防球虫病再度暴发。

（2）本品混料浓度极低，药料应充分拌匀，否则影响疗效。

（3）长期使用易出现耐药性，故连用不得超过 6 个月，应穿梭用药或短期使用。

（4）与同类药物存在交叉耐药性。

【休药期】 5d。

地克珠利溶液

【用法与用量】 以地克珠利计。混饮：每 1L 水，0.5～1mg。

【注意事项】（1）混饮的溶液稳定性较差，应现用现配，否则影响疗效。

（2）本品药效期短，停药 1d 抗球虫作用明显减弱，2d 后作用基本消失。因此，必须连续用药以防球虫病再度暴发。

（3）本品混料浓度极低，药料应充分拌匀，否则影响疗效。

（4）长期使用易出现耐药性，故连用不得超过 6 个月，应穿梭用药或短期使用。

（5）与同类药物存在交叉耐药性。

【作用与用途】【不良反应】【休药期】 同地克珠利预混剂。

·二 硝 托 胺·

二硝托胺又名球痢灵，为硝基苯酰胺类专用抗球虫药物，对鸭的多种球虫均有抑杀作用。作用峰期在感染后第3天，对球虫卵囊孢子的形成也有一定效果。球虫对本品产生耐药性的速度较慢。推荐剂量不影响机体对球虫产生免疫力。

【药物相互作用】 禁止与尼卡巴嗪及聚醚类抗生素如海南霉素、拉沙洛西等联用。

二硝托胺预混剂

【作用与用途】 抗球虫药。用于鸭球虫病。

【用法与用量】 以本品计。混饲：每1 000kg饲料，500g。

【不良反应】 (1) 以125mg/kg浓度（5～10倍治疗浓度）连续饲喂1周，会出现以神经症状为主的中毒现象。

(2) 以250mg/kg浓度连续饲喂15d以上，可能导致雏鸭增重减轻。

【注意事项】 (1) 停药过早，常致球虫病复发，因此，宜连续应用。

(2) 二硝托胺粉末颗粒的大小会影响抗球虫作用，一般临床使用极微细粉末。

【休药期】 3d。

·盐 霉 素·

盐霉素又称沙利霉素，为单价聚醚离子载体类抗生素。对鸭的多种球虫均有良好的防治作用。主要作用于球虫的子孢子及第一、二代裂殖体，作用峰期为感染后第2天。作用机制是通过干扰球虫细胞内K^+、Na^+的正常渗透，使大量Na^+进入细胞内，继而大量水分进入细胞，引起球虫细胞肿胀死亡。由于其作用机制独特，与其他非聚醚类抗球虫药无交叉耐药性。此外，盐霉素还能提高饲料转化率，促进动物生长。临床上主要用畜禽的球虫病防治及促生长。

盐霉素钠预混剂

【作用与用途】抗球虫药。用于预防鸭球虫病，促生长。

【用法与用量】以盐霉素计。混饲：每 1 000kg 饲料，60g。

【不良反应】本品对鸭的毒性相对较小，且不影响产蛋量和蛋的质量。但若使用本品时间过长或拌料量超过 100mg/kg 时，可能影响机体对球虫产生免疫力，甚至出现中毒。

【注意事项】（1）禁止与泰妙菌素、竹桃霉素及其他抗球虫药配伍使用，必须应用时，至少应间隔 7d。

（2）本品安全范围较窄，应严格控制混饲浓度。

【休药期】5d。

·癸氧喹酯·

癸氧喹酯又名地考喹酯、敌球素，是一种较新的喹啉类抗球虫药，主要作用是阻碍球虫子孢子的发育，作用峰期为球虫感染后第 1 天。本品抗球虫谱广，对危害较大的 6 种禽球虫均有效。本品安全性远远高于同为高效抗球虫药的马度米星铵。由于本品能明显抑制宿主对球虫产生免疫力，因此，应连续使用一段时间。球虫对本品易产生耐药性，需定期轮换用药。由于本品在国内使用较晚，耐药性较低，因此是较好的轮换用药。本品抗球虫作用与药物颗粒大小有关，颗粒越细，抗球虫作用越强。临床上，本品主要用于预防鸭的球虫病。

【药物相互作用】与地克珠利、托曲珠利、氯羟吡啶、马度米星铵、磺胺类抗球虫药联用有协同效应。

癸氧喹酯预混剂

【作用与用途】抗球虫药。用于预防鸭球虫病。

【用法与用量】以本品计。混饲：每 1 000kg 饲料，453g，连用 7～14d。

【不良反应】推荐剂量下使用，安全性较高。

【注意事项】不能用于含皂土的饲料中。

【休药期】5d。

·盐酸氯苯胍·

本品为广谱、低毒、高效、适口性好的抗球虫药，对鸭的多数球虫病均有良好的防治效果。本品的作用机制是干扰虫体胞质中的内质网，影响虫体蛋白质代谢，使内质网和高尔基体肿胀、氧化磷酸化反应和三磷酸腺苷（ATP）被抑制。主要作用于球虫第一、二代裂殖体，作用峰期为感染后第 3 天。与其他抗球虫药无交叉耐药性，可作为其他抗球虫药的轮换用药。本品不影响动物对球虫产生免疫力。

【药物相互作用】与尼卡巴嗪、聚醚类抗生素等禁止联用。

盐酸氯苯胍片

【作用与用途】抗球虫药。用于鸭球虫病。

【用法与用量】以盐酸氯苯胍计。内服：一次量，每 1kg 体重，10～15mg。

【不良反应】长期或较高剂量（如 60mg/kg）混饲，可能导致肉和蛋等有异臭。

【注意事项】（1）在防治某些球虫病时停药过早，常导致球虫病复发，故应连续用药。

（2）本品毒性小，将预防剂量提高 20 倍，未见对雏鸭有任何不良反应。

（3）为避免长期应用导致肉或蛋出现异味，产蛋期应禁用，并且屠宰前 7d 不可使用。

（4）由于氯苯胍长期应用已引起严重的球虫耐药性，在鸭多已停用数年。建议再度合理利用氯苯胍，将有较好的抗球虫效果。

【休药期】 5d。

盐酸氯苯胍预混剂

【用法与用量】 以盐酸氯苯胍计。混饲：每 1 000kg 饲料，300～600g；预防量可连续应用，治疗量连用 3～7d 后，改用预防量进行预防。

【作用与用途】【不良反应】【注意事项】【休药期】 同盐酸氯苯胍片。

·磺胺喹噁啉·

磺胺喹噁啉又称磺胺喹沙啉，为抗球虫的专用磺胺药，抗球虫活性为磺胺二甲嘧啶的 3～4 倍。通过抑制球虫细胞内二氢叶酸的合成而阻断核酸的合成，最终影响球虫的生长发育。本品主要影响球虫第二代裂殖体的发育，对第一代裂殖体也有一定作用，对有性周期阶段的球虫则无效，作用峰期在感染后第 4 天。对小肠球虫的作用较强，对盲肠球虫的作用较弱，用药后不影响机体对球虫产生免疫力。本品单独应用驱虫谱较窄，毒性较大，且与其他磺胺类药物易产生交叉耐药性，因此，本品常与氨丙啉或抗菌增效剂联合应用，以增强驱虫效果。本品还具有抗菌活性，抗菌作用强于磺胺嘧啶，但临床上主要用于鸭球虫病的治疗。

【药物相互作用】 与氨丙啉联用可扩大抗虫谱及增强抗球虫效应；与抗菌增效剂（DVD/TMP）联用可增强抗菌、抗球虫作用，延缓耐药性的产生；与乙氧酰胺苯甲酯联用可增强抗球虫作用；与盐霉素、尼卡巴嗪有配伍禁忌，不宜联用。

磺胺喹噁啉二甲氧苄啶预混剂

【作用与用途】抗球虫药。用于鸭球虫病的治疗。

【用法与用量】以磺胺喹噁啉计。混饲：每 1 000kg 饲料，500g。

【不良反应】较大剂量长期给药可引起鸭食欲下降，肾脏出现磺胺喹噁啉结晶，并干扰血液正常凝固。

【注意事项】（1）本品与其他磺胺类药物之间容易产生交叉耐药性，不宜作为轮换用药。

（2）长期使用可引起出血现象，在饲料中同时投喂维生素 K 可避免这种情况的出现。

（3）长期使用鸭易中毒，因此，连续饲喂不得超过 5d。

【休药期】10d。

·磺胺喹噁啉钠·

磺胺喹噁啉钠为抗球虫的专用磺胺药，多在球虫暴发时短期应用。作用机制与作用特点与磺胺喹噁啉相似，本品首选用于暴发的鸭小肠球虫病。

【药物相互作用】同磺胺喹噁啉。

磺胺喹噁啉钠可溶性粉

【作用与用途】抗球虫药。用于鸭球虫病。

【用法与用量】以磺胺喹噁啉钠计。混饮：每 1L 水，0.3～0.5g。

【不良反应】同磺胺喹噁啉二甲氧苄啶预混剂。

【注意事项】连续饮用不得超过 5d，否则鸭易出现中毒反应。

【休药期】10d。

·磺胺氯吡嗪钠·

本品为磺胺类抗球虫药，抗球虫谱、作用峰期、作用特点均与磺胺喹噁啉相似，对鸭球虫病有良好的抑制效力，但抗菌作用强于磺胺喹噁啉，多在球虫病暴发时短期应用。对巴氏杆菌、沙门氏菌等也有较强的抗菌作用。临床上，本品主要用于治疗鸭的球虫病。

【药物相互作用】与 DVD、TMP 联用可增强抗菌、抗球虫作用且不易产生耐药性；与氨丙啉联用可扩大抗虫谱、增强抗球虫作用，尤其对盲肠球虫和小肠球虫同时感染效果良好；与乙氧酰胺苯甲酯联用可增强抗球虫疗效；与盐霉素联用易中毒。

磺胺氯吡嗪钠可溶性粉

【作用与用途】抗球虫药。用于治疗鸭球虫病。

【用法与用量】以磺胺氯吡嗪钠计。混饮：每 1L 水，0.3g，连用 3d。

【不良反应】本品不良反应较磺胺喹噁啉低，但长期使用也可导致鸭出现出血、肾脏结晶等中毒症状。

【注意事项】不得在饲料中添加长期使用，饮水给药连续饮用不得超过 5d，否则易发生中毒。

【休药期】1d。

三、杀虫药

·双　甲　脒·

双甲脒又名虫螨脒、别螨克，为甲脒类杀虫药，具有杀虫谱广、高效、作用慢、低毒等特点，兼有胃毒和内吸作用，对各种蜱、螨、蝇、蚤、虱等各阶段虫体均有极强的杀灭效果，对人和动物安全。杀虫机制可能与干扰虫体神经系统功能有关。其杀虫作用出现较慢，一般在用药后 2h 才能使虱、蜱等解体，48h 才使螨寄生部位皮肤自行松动脱落。双甲脒一次用药可保护机体 6～8 周内不再受寄生虫侵袭。临床主要用于杀灭动物体表的各种螨，也可用于杀灭蜱、虱等寄生虫。

【药物相互作用】与含乙醇的药物联用可使双甲脒分解失效。

双甲脒溶液

【作用与用途】杀虫药。主要用于杀螨，亦用于杀灭蜱、虱等外寄生虫。

【用法与用量】以双甲脒计。药浴、喷洒或涂擦：配成 0.025％～0.05％的溶液。

【不良反应】本品毒性较低，对皮肤和黏膜有一定刺激性。

【注意事项】（1）本品对皮肤有刺激性，使用时防止药液沾污皮肤和眼睛。

（2）高浓度时会导致中毒反应。

（3）在气温低于 25℃时，作用发挥缓慢，药效较低。

【休药期】鸭无相关规定。

·环丙氨嗪·

环丙氨嗪属于杀虫药，可抑制双翅目幼虫的蜕皮，特别是第 1 期幼虫蜕皮，使蝇蛆繁殖受阻，也可使蝇蛹不能蜕皮而死亡。鸭内服给药，即使在粪便中含药量极低也可彻底杀灭蝇蛆。当饲料中浓度达 1mg/kg 时即能控制粪便中多数蝇蛆的发育，5mg/kg 时，足以控制各种蝇蛆。一般在用药后 6～24h 发挥药效，作用可持续 1～3 周。

鸭内服本品后吸收较少，体内主要代谢物为三聚氰胺。本品主要以原形从粪便排泄。由于环丙氨嗪脂溶性低，很少在组织中残留，对动物的生长、产蛋及繁殖性能均无影响。

环丙氨嗪预混剂（1%）

本品为白色或米黄色粉末。

【作用与用途】杀蝇药。用于控制鸭舍内蝇幼虫的繁殖。

【用法与用量】以环丙氨嗪计。混饲：每 1 000kg 饲料，鸭 50g，连用 4～6 周。

【不良反应】按规定的用法与用量使用尚未见不良反应。

【注意事项】（1）本品药料浓度达 25mg/kg 时，可使饲料消耗量增加，达 500mg/kg 以上可使饲料消耗量减少，1 000mg/kg 以上长期喂养时鸭可能因摄食过少而死亡。

（2）每公顷土地施用饲喂本品的鸭粪以 1 000～2 000kg 为宜，超过 9 000kg 以上可能对植物生长不利。

【休药期】鸭 3d。

·氟苯达唑·

氟苯达唑为苯并咪唑类抗蠕虫药。本品从胃肠道吸收很少，大部分以原形药从粪便排出。吸收部分很快被代谢，血和尿中的原形药浓度很低。氟苯达唑在鸭体内的代谢途径主要为氨基甲酸酯水解和酮基还原。

氟苯达唑预混剂

本品为白色或淡黄色粉末。

【作用与用途】用于驱除鸭胃肠道线虫及绦虫。

【用法与用量】以氟苯达唑计。混饲：每 1 000kg 饲料，鸭 30g，连用 4～7d；鸭瑞利绦虫属感染，每 1 000kg 饲料，60g，连用4～7d。

【不良反应】鸭超剂量服用时，会出现短时间的腹泻。

【注意事项】（1）治疗时，养鸭场卫生环境良好的情况下，治疗效果更佳。

（2）使用者应避免皮肤直接接触或吸入本品。

【休药期】鸭 14d。

第三节　调节组织代谢药

维生素和微量元素药物都属于营养药，这些物质主要作用是维持动物机体正常机能，如果在体内的含量不足会引起特定症状的缺乏症，影响动物的生长和生产性能。营养药的作用是补充体内的不足，防治营养性缺乏症。

一、维生素

维生素是动物维持正常生命活动、生长发育和新陈代谢所必需的小分子有机物。动物对维生素的需要量很小，每日仅以 mg 或 μg 计算，但是维生素在动物机体内的作用却很大，主要是构成酶的辅酶或辅基，参与调节物质和能量代谢。维生素缺乏会出现特定的营养代谢障碍，出现维生素缺乏症，导致动物物质代谢紊乱、生长停滞以致发生各种疾病，甚至死亡。引起鸭维生素缺乏的原因很多，现主要介绍以下几种：

第一，维生素的来源不足或合成困难。鸭的维生素来源主要是饲料供给，饲料中维生素不足，或饲料中维生素添加充足，但是由于加工和贮藏不当，使某些维生素损失或破坏过多；服用抗生素使肠道细菌合成的某些维生素受到抑制，如维生素 K、维生素 H 等。

第二，机体对维生素的需求量增加。如生长发育阶段的幼鸭，产蛋期的母鸭，对各种维生素，尤其是维生素 A、维生素 D 的需要量增加；感染性疾病、中毒、发热或处于应激状态的鸭，由于消耗过多，对维生素 B 和维生素 C 等需要量出现相应增加。

第三，机体对维生素的吸收或利用发生障碍。例如慢性腹泻、重度贫血等往往会影响饲料中维生素的吸收；胆盐或胰酶缺乏可以造成脂溶性维生素缺乏。

第四，饲料添加剂及饲料中某些物质的影响。如抗球虫药氨丙啉，影响维生素 B_1 的吸收；无机盐如硫酸锰会破坏维生素 D、维生素 H；不饱和脂肪酸可与维生素 E、维生素 H 结合。

鸭场发生维生素缺乏时，应遵循以下原则进行防治：首先，查找维生素缺乏的原因，采取相应措施，消除不良影响，并且根据所缺乏的维生素，在饲料中添加该种维生素或使用含该种维生素丰富的饲料，严重的病例需要按照治疗剂量进行个别给药；其次，要根据鸭的品种、生长、生产各时期对维生素的需求量，及时添加缺乏的维生素。

维生素过少会引起维生素缺乏症，但是维生素过量和长期使用，又会致动物出现维生素中毒症，如多次大剂量使用脂溶性维生素 A 和维生素 D，很容易导致鸭蓄积性中毒。

维生素通常分为脂溶性维生素和水溶性维生素两大类。

（一）脂溶性维生素

脂溶性维生素都能溶于脂或油类溶剂，不溶于水，包括维生素 A、维生素 D、维生素 E、维生素 K。脂溶性维生素在肠道中的吸收与脂肪的吸收密切相关，当胆汁缺乏、腹泻或能够影响脂肪吸收的因素，都会影响脂溶性维生素的吸收。吸收后主要贮存于肝脏和脂肪组织，体内贮存量大，但是排除缓慢，长期大量服用会超过体内贮存的限度，导致动物发生脂溶性维生素中毒。

· 维生素 A（甲种维生素，视黄醇，抗干眼醇；Vitamin A）·

动物肝脏、蛋、乳、鱼肝油中维生素 A 含量丰富。类胡萝卜素

（主要是β-胡萝卜素）是维生素A的前体，可以在动物体内转化为维生素A。胡萝卜、青草、禾本科植物及其他绿色植物中存在类胡萝卜素。维生素A的生物效价用国际单位（IU）表示，即1个国际单位相当于维生素A醋酸盐的标准品0.33μg，相当于维生素A 0.3μg或β-胡萝卜素0.6μg。成鸭每1kg饲料中维生素A的含量，应不低于4 000IU，雏鸭每1kg饲料中应不低于1 500IU。

【作用与用途】（1）具有维持上皮组织如皮肤、结膜、角膜等正常机能的作用，并参与视紫红质的合成，增强视网膜感光力。

（2）用于防治维生素A缺乏症，如角膜软化症、夜盲症、干眼症，骨骼生长不良和幼龄动物生长发育受阻。

（3）用于增强动物机体对感染的抵抗力、预防呼吸道病等。

【用法与用量】（1）维生素A：维生素A油剂，每1mL含50万IU或100万IU。鸭的正常需要量为每1kg饲料中含4 000IU，治疗量是正常的2～4倍。大群治疗时，每1kg饲料加入8 000～15 000IU喂给，每日3次，连用2周。用于个别治疗时，可肌内注射，每只鸭2mL。

（2）浓缩鱼肝油：本品1mL含维生素A 5万IU，用于大群治疗时混料，每2～4mL/kg，先用温水充分搅匀，再与饲料拌和均匀。用于个别治疗时内服，成年母鸭每日1～1.5mL，分3次喂，雏鸭可肌内注射，每只0.5mL。因维生素A制剂易被氧化，故应现用现配。

【不良反应】维生素A不易从体内迅速排出，鸭长期摄入大于正常量的40～100倍时会出现过多症，甚至出现中毒反应，雏鸭中毒率较高，表现为食欲不振，体重减轻，腹泻，皮肤发痒，关节肿痛，严重者会出现骨骼变形。中毒时，一般停药1～2周中毒症状可以逐渐消失。

【注意事项】（1）影响脂肪吸收的因素，均可影响维生素A的吸收。

（2）应了解与其他药物的相互作用和配伍禁忌，以免影响维生素A的吸收。

·维生素 D（Vitamin D）·

在自然界中，维生素 D 常与维生素 A 共存。维生素 D 是一些脂溶性固醇衍生物的总称，常见有维生素 D_2 和维生素 D_3 两种。青草和酵母内含有麦角固醇，经日光（或紫外线）照射后可转变成维生素 D_2。动物的肝脏、奶油、蛋类中含多量的维生素 D_3。维生素 D 的生物效价用国际单位（IU）表示，1IU 相当于 0.025μg 结晶维生素 D_3。

【作用与用途】 维生素 D（特别是维生素 D_3）及其衍生物，能促进钙与磷的吸收并调节钙、磷的代谢过程，是鸭类维持骨骼正常硬度、嘴壳（喙）、爪以及蛋壳钙、磷代谢所需的物质。

维生素 D 制剂主要用于防治维生素 D 缺乏症。

【用法与用量】 维生素 D_2 片，5 000IU/片，1 万 IU/片。维生素 D_3 注射液，0.5mL/支，含 3.75mg（15 万 IU）；1mL/支，含 7.5mg（30 万 IU）或含 15mg（60 万 IU）。维丁胶性钙注射液（胶性骨化醇钙注射液）：本品为骨化醇与有机钙剂的灭菌白色胶状混悬液。1mL/支，含钙 0.5mg，骨化醇 0.125mg。

雏鸭缺乏维生素 D 时，每只可喂服 2～3 滴鱼肝油，每天 1～2 次，连用 2d；或肌内注射鱼肝油 2mL。患佝偻病的雏鸭，每次喂给 1.5 万 IU 维生素 D_3，可较快见效。但应根据缺乏程度酌定用量，以免损害肾脏及动脉。缺乏维生素 D 时，除了按需添加维生素 D 以外，还要多晒太阳，保证足够的日照时间。

【不良反应】 大量摄入维生素 D 时，雏鸭可能会出现肾小管病理性钙化引起的肾功能障碍，主动脉和其他动脉血管钙化等有害作用。

【注意事项】（1）应用维生素 D 期间应同时补充钙剂。

（2）鱼肝油（维生素 AD）制剂中，内含大量维生素 A，长期使用易引起维生素 A 中毒，用于治疗佝偻病时，宜使用纯维生素 D 制剂。

·维生素E（生育酚；Vitamin E）·

维生素E又称生育酚，在植物种子的胚芽、植物油、麦麸、豆类、青绿饲料及动物脂肪中含量丰富。维生素E有α、β、γ和δ4种，其中以α代表饲料中维生素E的含量。

维生素E的生物效价用国际单位（IU）表示，1IU相当于维生素E醋酸酯1mg。

【作用与用途】维生素E的作用主要是抗氧化作用，可以阻止体内不饱和脂肪酸等物质的氧化，保护细胞膜的完整性，维持细胞的正常功能。同时具有促进性腺发育，促成受孕和防止流产等作用，还能提高动物对疾病的抵抗力，增强抗应激能力。用于预防维生素E缺乏所导致的不孕症、白肌病、肝坏死、肌肉萎缩及雏鸭渗出性素质等。

【用法与用量】维生素E片，5mg/片、10mg/片。维生素注射液1mL/支，含维生素E 50mg或500mg。亚硒酸钠维生素E预混剂，每1kg含亚硒酸钠0.4g，维生素E 5g。

注意饲料谷物的来源，一般在饲料中都应补充硒与维生素E。如果鸭群出现维生素E缺乏症，则应迅速补充硒和维生素E，每1kg日粮或水中加入硒2.5mg与维生素E 250IU。雏鸭白肌病，用维生素E治疗，每只每天用0.05～0.1mg混料，连喂15d。

【不良反应】维生素E的安全范围较其他脂溶性维生素大，一般不易发生不良反应。

【注意事项】饲料中不饱和脂肪酸含量越高，动物对维生素E的需要量越大。

·维生素K（Vitamin K）·

维生素K为甲萘醌类物质，有K_1、K_2、K_3、K_4等衍生物。天然维生素 K 广泛存在于自然界中，维生素 K_1 存在于苜蓿、菠菜及甘蓝叶中，维生素 K_2 可以从鱼粉中提取及肠道细菌合成。维生素 K_3 和 K_4 为人工合成，K_1 也可以人工合成。K_1、K_2 为亚硫酸氢钠萘醌，属于脂溶性；K_3、K_4 为甲萘氢醌，为水溶性。

【作用与用途】（1）维生素在肝脏中参与凝血酶原核血浆凝血因子的合成。

（2）用于维生素 K 缺乏所致的出血，如预防雏鸭维生素 K 缺乏症，长期服用广谱抗菌药导致的维生素 K 缺乏性出血等。

【用法与用量】维生素 K_1 注射液，每支：10mg/mL。维生素 K_3 片，2mg/片。维生素 K_3 注射液（亚硫酸氢钠甲萘醌注射液），4mg/mL。

维生素 K 缺乏时，要供给充足的青饲料，幼雏按每 1kg 饲料添加维生素 K 0.4mg，如果饲料或水中含有抗菌药物，每 1kg 饲料中的添加量可以增加到 1～2mg，产蛋鸭、种鸭，每 1kg 饲料 2mg。病鸭每千克饲料可以添加 3～8mg。内服维生素 K_3 用量：每千克体重 22mg，或每千克体重 2mg 肌内注射。

【不良反应】维生素 K_1、维生素 K_2 均无毒性。人工合成维生素 K_3、维生素 K_4 则有一定的刺激性，长期应用刺激肾而出现蛋白尿。此外，还能引起溶血性贫血和损伤肝细胞。

【注意事项】（1）巴比妥类药物能加速维生素 K 的代谢，故二者不宜合用。

（2）维生素 K 粉剂吸湿性强，遇光易分解，遇碱或还原剂易失效，应密封并在干燥处保存。

（3）可引起溶血性贫血、高胆红素血症等。

（二）水溶性维生素

水溶性维生素包括 B 族维生素（维生素 B_1、维生素 B_2、维生素

B_3、维生素 B_6、维生素 H、维生素 B_{11}、维生素 B_{12} 等）和维生素 C 等。这些维生素的特点是都溶于水，体内不易贮存，超过需要的部分完全由尿液排出，因此，毒性很低。

已经发现的 B 族维生素有 20 多种，都是辅酶或辅基的组成部分，参与机体各种代谢，可由消化道微生物部分合成。维生素 C 也是水溶性维生素，由于鸭不易缺乏，因此，在本节中不介绍。但是维生素 C 可以用于解毒，可以作为解毒药。

·维生素 B_1（硫胺素；Vitamin B_1）·

维生素 B_1 为季铵类化合物，口服仅有少量从小肠特别是十二指肠吸收，生物利用率低，大部分从粪便排出。大肠吸收维生素 B_1 的能力差，因此，大肠微生物合成的维生素 B_1 利用率极低。维生素 B_1 在体内的贮存量较低，鸭的贮存量十分有限，需要经常补充。维生素 B_1 广泛存在于种子外皮和胚芽中，在米糠、麦麸、酵母、大豆及青绿饲料中含量较多。

【作用与用途】（1）维生素 B_1 参与机体糖和脂肪的代谢，维持神经、心脏及消化系统正常机能，促进动物生长，增强鸭免疫力，主要用于防治维生素 B_1 缺乏症。

（2）可以用于神经炎、心肌炎的辅助治疗药物。

【用法与用量】 片剂：10mg/片、50mg/片。注射液：每支：5mg/mL、10mg/mL、25mg/mL。维生素 B_1 缺乏症的病鸭，内服剂量为 2.5mg/kg 体重，肌内注射剂量为 0.1～0.2mg/kg 体重。

【不良反应】一般无不良反应。

【注意事项】（1）对氨苄青霉素、邻氯青霉素、头孢菌素Ⅰ和头孢菌素Ⅱ、多黏菌素等具有不同程度的灭活作用，不宜混合注射。

（2）与其他 B 族维生素或维生素 C 合用，可对代谢发生综合疗效。

（3）维生素 B_1 液体遇生物碱沉淀剂可产生沉淀，遇氧化剂或还原剂能引起分解、失效。

（4）肌内注射可致疼痛，故宜深部肌内注射。

·维生素 B_2（核黄素；Vitamin B_2）·

维生素 B_2 是体内黄酶类的辅基，在生物氧化的呼吸链中起着递氢的作用。此外，维生素 B_2 还可以协同维生素 B_1 参与糖和脂肪的代谢。天然维生素 B_2 广泛存在于青绿饲料、酵母、豆类、麸皮中。目前临床上主要采用人工合成品。

【作用与用途】（1）维生素 B_2 是黄酶类的辅酶，参与机体氧化还原过程。

（2）主要用于维生素 B_2 缺乏症的防治。临床多与维生素 B_1 或其他 B 族维生素配合应用。

（3）补充营养。

（4）防治皮炎、角膜炎和结膜炎等。

【用法与用量】 片剂：5mg/片、10mg/片。注射液：每支：10mg/2mL、25mg/5mL、50mg/10mL。对 20 日龄前的雏鸭在饲料中每天每羽添加维生素 B_2 0.2mg，可以防止缺乏症的发生。维生素 B_2 缺乏症的病鸭，内服剂量为 2.5mg/kg 体重，肌内注射剂量为 0.1～0.2mg/kg 体重。

【不良反应】本品毒性较低，一般不会发生不良反应。

【注意事项】同维生素 B_1。

·维生素 B_6（Vitamin B_6）·

维生素 B_6 有三种天然形式，即吡哆醇、吡哆醛和吡哆胺。吡哆醇来源于植物，在小麦、酵母及豆类、谷物种子的外皮和青绿饲料中含量丰富；吡哆醛和吡哆胺主要来源于动物性食品如瘦肉。吡哆醇在体内与ATP经酶的作用可以转变成吡哆醛和吡哆胺，但是不可以逆转，吡哆醛和吡哆胺可以相互转变。饲料中维生素B_6含量丰富，一般不会发生缺乏症。

【作用与用途】维生素B_6参与氨基酸及脂肪的代谢，能促进氨基酸的吸收和蛋白质的合成，为生长繁殖所必需的物质。维生素B_6是氨基酸代谢中多种酶的辅酶，参与蛋白质、脂肪、糖的代谢。有抗皮肤炎症和解毒作用，并与铁、硫代谢关系密切。

维生素B_6常与维生素B_1、维生素B_2和烟酸等合用，综合防治B族维生素缺乏症。也可以用于防治异烟肼、环丝氨酸、青霉胺和乙酰肼等药物过量引起的中枢兴奋和外周神经炎。

【用法与用量】维生素B_6片剂：10mg/片。维生素B_6注射液：每支：25mg/mL、100mg/2mL、50mg/10mL。可皮下注射、肌内注射及静脉注射。

用量：维生素B_6缺乏时，每1kg饲料添加10～20mg，或每只成年鸭注射5～10mg。

【不良反应】本品毒性较低，一般不会发生不良反应。

【注意事项】（1）与维生素B_1合用治疗皮肤病、神经系统疾病。

（2）大量应用本品，可影响某些检验结果，如尿胆原试验呈假阳性。

·维生素H（生物素；Vitamin H，Biotin）·

维生素H主要经小肠吸收，不易在体内贮存，过多的维生素H可被代谢降解或者随尿液排泄到体外。绿色饲料、米糠、豆饼、花生麸、鱼粉、酵母和酒糟中含有丰富的维生素H。

【作用与用途】维生素H是家禽体内多种羧化酶及其一些酶类的辅酶，参与体内多种物质的代谢过程。维生素H还可以参与肝糖原异生，促进脂肪酸和蛋白质代谢的中间产物合成葡萄糖原，以维持正常的血糖浓度。还可以参与氨基酸的降解与合成、嘌呤和核酸的生产、长链脂肪酸的合成等。雏鸭长期饲喂缺乏维生素 H 的玉米、小麦等饲料，或者饲喂因长期贮存产生大量过氧化物，使维生素 H 破坏的饲料时，容易造成维生素 H 缺乏症。摄入抗生物素蛋白，也会出现生物素缺乏症。

维生素 H 主要用于防治鸭生物素缺乏症。

【用法与用量】 维生素 H 缺乏时，成年病鸭每只口服或肌内注射 0.01～0.05mg，或者混饲，每 1kg 饲料添加 40～100mg。

【不良反应】 一般不会发生不良反应。

【注意事项】 联合用于维生素缺乏症，可提高疗效。

·维生素 B_5（泛酸；Vitamin B_5）·

泛酸广泛存在于各种动植物组织中，如小麦、麸皮、米糠中，因此，称为泛酸。但是玉米种含量较低。一般治疗用其钙盐，补充不足时，用其复合制剂。

【作用与用途】 泛酸广泛存在于生物体组织中，用以构成辅酶 A。辅酶 A 是酰基转移酶类的辅酶，起着转移酰基的作用，在糖、蛋白质和脂肪代谢中起到重要的作用。

泛酸用于防治鸭的泛酸缺乏症，对防治其他维生素素缺乏症有协同作用。

【用法与用量】 泛酸钙片，20mg/片。混饲：每 1kg 饲料，6～15mg。鸭发生泛酸缺乏症尚未严重时，每 1kg 饲料中加入 8mg 泛酸钙，即可康复。

【不良反应】 基本无毒性，可作饲料添加剂长期添加。

·维生素 B_3（烟酸；Vitamin B_3）·

烟酸与烟酸胺通称维生素 B_3 或抗癞皮病维生素，是较为稳定的维生素之一，不易被热、氧、光、碱、酸破坏。广泛存在于麸皮、米糠、大麦、小麦、花生饼、豆饼和青饲料中。

【作用与用途】烟酸在体内形成烟酰胺后，与核糖、磷酸、腺嘌呤结合，形成烟酸胺腺嘌呤二核苷酸（即辅酶Ⅰ）和烟酸胺腺嘌呤二核苷酸磷酸（辅酶Ⅱ），它们是许多脱氢酶的辅酶和辅基，在生物氧化过程中脱氢和加氢进行氧化还原反应，对糖、脂肪的中间代谢和高能磷酸键的形成具有重要作用。

鸭体内所需的烟酸，既可以从饲料中获取，也可由鸭体内的色氨酸转化后获得，转化过程中必须有吡哆醇的存在。当色氨酸和吡哆醇不足时，容易导致维生素 PP 缺乏症的发生。

【用法与用量】混饲：病初，每 1kg 饲料中加烟酸 10mg，病鸭可很快恢复。但是出现骨短粗或关节肿大症时，则难治愈。

【不良反应】（1）烟酸在肾功能正常时几乎不会发生毒性反应。

（2）大量摄入烟酸可以导致腹泻、乏力、皮肤发红、干燥、胃痛等。

【注意事项】（1）下列情况用烟酸应谨慎：动脉出血、痛风、肝病、溃疡病（用量大可以引起溃疡）。

（2）玉米中烟酸和色氨酸的含量较少，呈结合状态，没有活性，以玉米为主要饲料时，需要补充烟酸。烟酸主要用于烟酸缺乏症。

·维生素 B_{11}（叶酸；Vitamin B_{11}）·

叶酸最早从肝脏中分离得到，1941 年米歇尔等在多种菜叶中成功分离，因而称叶酸。在青绿饲料、绿色蔬菜、豆类、麸皮及动物内脏、肌肉中含量丰富，但是单胃动物对饲料中的叶酸利用很少，禽类只有 20%～30%。

【作用与用途】维生素 B_{11} 具有防治恶性贫血的作用，因为它能够参与甲基的合成，血红蛋白的合成必须有甲基参与。当维生素 B_{11} 缺乏时，会出现造血机能障碍，发生恶性贫血。如维生素 B_{12} 与 B_{11} 同时缺乏，可使核蛋白的代谢发生紊乱和障碍，导致营养性贫血。

维生素 B_{11} 在体内有助于碳水化合物的水解，把热能输送到其他各个器官。维生素 B_{11} 用于防治维生素 B_{11} 缺乏症。

【用法与用量】混饲：每 1kg 饲料加叶酸 10mg。雏鸭肌内注射用量：50～100μg/只；育成鸭肌内注射用量：100～200μg/只。

【不良反应】在肾功能正常的情况下，很少发生中毒反应。个别动物长期大量应用叶酸可出现厌食、恶心、腹胀等胃肠道症状。

【注意事项】（1）叶酸内服可以改善巨幼红细胞贫血，当不能阻止因维生素 B_{12} 缺乏导致的神经损害的发展，如果大量服用叶酸，会进一步降低血清中维生素 B_{12} 的含量，使神经损害向不可逆转方向发展。

（2）长期饲喂广谱抗生素或磺胺类药物时，因其抑制合成叶酸的细菌生长，会导致叶酸缺乏。

·维生素 B_{12}（钴胺素；Vitamin B_{12}）·

维生素 B_{12} 又叫钴胺素，是唯一含金属元素的维生素。自然界中的维生素 B_{12} 都是由微生物合成的，高等动植物不能制造维生素 B_{12}。维生素 B_{12} 是唯一需要肠道分泌物（内源因子）帮助才能被吸收的维生素。动物性食物中基本上没有维生素 B_{12}。维生素在肠道内停留时间长，大约需要 3h（大多数水溶性维生素只需要几秒钟）才能被吸收。维生素 B_{12} 为浅红色的针状结晶，易溶于水和乙醇，在pH4.5～5.0 弱酸条件下最稳定，强酸（pH＜2）或碱性溶液中分解，遇热可有一定程度破坏，但短时间的高温消毒损失小，遇强光或紫外线易被破坏。

【作用与用途】维生素 B_{12} 的主要生理功能是参与制造骨髓红细胞，防止恶性贫血；防止大脑神经受到破坏。维生素 B_{12} 不仅参与禽类体内碳基团的代谢，而且参与禽类核酸和蛋白质的合成，促进了细胞的发育和成熟，使禽类增重加快。当维生素 B_{12} 缺乏时，糖在鸭组织中的利用过程发生障碍，鸭表现为食欲减退，生长慢或失重，严重消瘦，异食癖和极度贫血死亡。因此，维生素 B_{12} 添加剂作为鸭饲料中必不可少的成分，在饲料产业中有着广泛的应用。

【用法与用量】 混饲：每 1kg 饲料加维生素 B_{12} 4～9mg 。

【不良反应】 过量使用可能导致鸭兴奋，还可导致叶酸的缺乏。

【注意事项】 在防治巨幼红细胞贫血症时，本品与叶酸配合使用可取得更好的效果。

二、钙磷及微量元素

动物体内矿物元素约占体重 4%，大部分分布在毛、角、血液、肌肉和上皮组织中。通常把占动物体重 0.01%以上的矿物元素称为常量元素，占动物体重 0.01%以下的称为微量元素。钙、磷、钠、钾、镁、氯、硫属于常量元素，为动物机体所必需。铁、铜、锰、锌、钴、钼、铬、镍、碘、硒、钴等元素属于微量元素。

微量元素虽然在体内的含量不多，但是会影响动物生长和生产效能。摄入过量、不足、不平衡或缺乏都会不同程度地引起动物机体生理异常或发生疾病。微量元素是维持生命新陈代谢必需的，一旦缺少了这些必需的微量元素，机体就会出现疾病，甚至危及生命。目前，约 30%的疾病是微量元素缺乏或不平衡所致，如锌缺乏会引起口、眼、肛门或外阴部红肿、丘疹、湿疹。铁是构成血红蛋白的主要成分之一，缺铁可引起缺铁性贫血。动物体内含铁、铜、锌总量减少，均可减弱免疫机制，降低抗病能力，导致细菌感染，甚至较高的死亡率。但是，微量元素含量过高，又会产生毒副作用，甚至引起动物死亡。下面就钙磷及部分微量元素对肉鸭的影响进行介绍。

·钙、磷（Calcium、Phosphorus）·

钙和磷占体内矿物元素总量的 70%。钙可从碳酸钙、石灰石粉等供给，磷主要从骨粉、磷酸二氢钠中供给。

【作用与用途】钙的作用：钙离子能够促进鸭骨骼、喙、爪、蛋壳等组织钙化，维持神经肌肉正常兴奋性和收缩功能。血钙过低，神经肌肉兴奋性升高；血钙过高，神经肌肉兴奋性降低。钙离子可以对抗镁离子，在中枢神经系统中，钙和镁相互颉颃，镁离子中毒可以用钙解救，钙离子中毒时可用镁解救。此外，钙离子还参与神经递质的释放、促进凝血等功能。

磷的作用：磷离子与钙一样，都是鸭骨骼的主要成分，单纯磷的缺乏能够引起佝偻病和骨软症；磷是磷脂的主要成分，参与维持细胞膜的正常结构和功能；磷是DNA和RNA的组成成分，参与蛋白质的合成，在鸭生长发育和繁殖中起重要作用；此外，磷还参与体内脂肪的转运与贮存。

钙、磷缺乏时，雏鸭骨骼会发生病变，表现为佝偻病；产蛋鸭的蛋壳粗糙变薄、易碎，产蛋量会下降甚至停产，体重减轻，神经机能出现紊乱，严重时会导致鸭瘫痪、心肌衰弱，甚至出现死亡。

钙、磷主要用于钙磷缺乏症，钙还可以用于镁离子中毒的解毒等。

【用法与用量】一般鸭日粮中钙的最少需要量是0.7%，最佳用量是1.0%；产蛋鸭的最少需求量为1.6%，最佳添加量为2.25%。鸭日粮中磷的最少量是0.4%，最佳添加量是0.6%。

发病鸭群的治疗，首先要明确是磷缺乏还是钙或是维生素D缺乏。查明原因后，及时补充缺乏成分。难查明原因时，可补充1%～2%的骨粉，配合使用鱼肝油或维生素D，病鸭多在4～5d后康复。

【不良反应】不溶于水，吸收少，一般无不良反应。

【注意事项】应用各种制剂供鸭混合饲用时，需要根据各种制剂钙、磷的比例，计算实际用量。

·铁、铜（Iron、Copper）·

【作用与用途】铁、铜元素可促进球蛋白和血红蛋白的形成，以及鸭代谢机能所必需，缺一不可，否则会导致营养性贫血。铁是机体内构成血红蛋白的必需物质，大部分存在于血红素中，作为氧的载体输送氧气到体组织内，还作为细胞色素酶类及各种氧化酶的成分与细胞内生物氧化过程有密切关系。铜是酶的组成成分，参与多种酶的活动，能促进铁的吸收和血红蛋白的形成。鸭体内铁和铜缺乏时，会引起贫血。铁主要来源于谷物类、豆类、鱼粉、含铁化合物。由于饲料中含铁量丰富，同时鸭能较好利用机体周转代谢产生的铁，因此，鸭一般不缺铁。铁过量时，鸭采食量减少，体重下降，影响磷的吸收。缺铜除了引起贫血外，还会影响骨骼发育，引起骨质疏松，出现腿病。日粮中缺铜还会引起鸭食欲不振、异食癖症、运动失调和神经症状。过量时，鸭发育不良，出现溶血症。铜主要来源于含铜化合物，一般饲料中含量不多。

【用法与用量】鸭的正常需要量：铁元素为80mg/kg，铜元素为4mg/kg。

【不良反应】铁、铜元素过量都会引起不良反应，中毒症状表现为腹泻、呼吸困难、步态不稳，严重者出现痉挛而死亡。

·锰（Manganese）·

【作用与用途】锰是机体不可缺少的微量元素之一。锰在肝、脾、胰、脑下垂体中含量最高，在肺脏中最少，主要存在于骨骼中。一般鸭通过摄食饲料可获得需要量。锰与钙磷代谢、蛋白质代谢、脂类和碳水化合物代谢密切相关，钙、磷、铁的存在可阻碍锰的吸收。锰参与机体氧化起催化剂的作用；与造血和骨骼形成有密切关系；对鸭的生长、繁殖和骨骼的发育有重要影响。缺锰时，雏鸭骨骼发育不良，生长受阻，体重下降，易患“溜腱症”、骨短粗症。母鸭缺锰时，产蛋率下降，薄壳蛋和无壳蛋增加，种蛋孵化率降低，胚胎在后期死亡。

【用法与用量】鸭对锰的需要量有限，雏鸭对锰的需要量为每1kg饲料含锰55mg，种鸭为33mg。锰在青饲料及糠麸饲料中含量丰富，因而不易发生缺乏症。日粮中钙、磷含量过多，会影响锰的吸收，加重锰的缺乏症，可用硫酸锰进行补充，每1kg饲料用量，雏鸭为150mg，成鸭为90mg。

【不良反应】锰元素过量会引起中毒反应。

·锌（Zinc）·

【作用与用途】锌在骨骼、肝、皮肤、肌肉、性腺、蛋黄中含量较多，是多种酶的辅酶。锌参与体内三大营养物质代谢和核糖核酸、脱氧核糖核酸的生物合成，与羽毛生长、皮肤健康、骨骼发育和繁殖机能有关。锌还有助于锰、铜的吸收。锌缺乏时雏鸭采食量减少，生长迟缓，羽毛生长不良，毛质松脆，趾骨粗短，表面呈鳞片状。鸭产蛋量减少，孵化率低，蛋壳变薄，甚至产软皮蛋，出现畸形胚胎，死胎增多。

【用法与用量】鸭对锌的需要量为每1kg日粮含60mg，肉骨粉和鱼粉是锌的良好来源。

【不良反应】锌过多会影响钙的吸收，还会影响蛋白质代谢，并可导致铜的缺乏。

【注意事项】日粮中补锌时一般选用硫酸锌或氧化锌，但应注意钙、锌存在颉颃作用。日粮中钙过多会增加鸭对锌的需要量。

·碘（Iodine）·

【作用与用途】碘是生物活性很高的物质，是构成甲状腺素的重要组成成分。碘通过甲状腺素的形式对机体的物质代谢起调节作用，能提高基础代谢率，增加组织细胞耗氧量，促进生长发育，维持正常繁殖机能。缺碘会影响甲状腺素的形成，甲状腺肿大，肝脏细胞坏死，影响生长发育，产蛋下降，孵化率降低。一般饲料和饮水中的碘能满足鸭对碘的需要，在缺碘地区应补饲碘盐、碘化钾、碘化钙。

【用法与用量】 鸭正常需求量为：混饲，0.35mg/kg。

【不良反应】 过多使用碘制剂或者鸭排泄发生障碍时，会出现碘中毒，表现为鼻炎、流泪、结膜发红、咳嗽、皮疹等，此时应立即停药，并供给充足饮水，在饲料中增加氯化钠，促进碘排出。

·硒（Selenium）·

【作用与用途】 硒是动物体内具有特殊作用的微量元素之一。硒吸收慢，经肾排出也慢，少量经胆汁排出。硒能抑制细胞呼吸酶和脱氧酶的活性，从而影响机体代谢。硒是谷胱甘肽过氧化酶的组成成分，是蛋氨酸转化为半胱氨酸所必需的元素，与维生素E存在协同作用，能节省鸭对维生素E的需要量；有助于清除体内过氧化物，对保持细胞质膜的完整性，维持胰腺正常功能具有重要作用。缺硒时会影响维生素E的作用，鸭易患渗出性素质病，发生肝细胞坏死，影响代谢；同时还会导致肌肉萎缩，发生白肌病、心包积水、产蛋率和孵化率降低，机体免疫力下降。

【用法与用量】 鸭对硒的需要量极微，由于我国东北及西北地区土壤、饲料中缺硒，故一般需要在日粮中以亚硒酸钠形式添加硒，添加量一般为每1kg体重0.15mg。

【不良反应】 硒是一种毒性很强的元素，安全范围小，容易发生中毒，因此，在配制日粮时，应准确计量，混合均匀。硒在日粮中添加过多，会造成畸形胚胎，鸭生长受阻，羽毛蓬松，神经过敏，性成熟延迟。

·钴（Cobalt）·

【作用与用途】钴是机体所必需的微量元素之一，在肝、肾中分布较多，排出慢，大部从肾排出。钴有促进钙的吸收及兴奋骨髓造血红细胞功能的作用。长期缺钴，鸭会出现贫血、生长迟缓、骨短粗症。临床上主要用于再生障碍性贫血。

【用法与用量】钴元素是维生素 B_{12} 的必需成分，常以维生素 B_{12} 来补给。

用于饲料添加剂的钴盐有氧化钴、硫酸钴等，可以按饲料每千克加入 0.05mg 或按体重每千克 0.01mg 或按说明添加，连续使用1～2个月。或者按饲料每千克加入 4mg 维生素 B_{12}。

【不良反应】钴元素过多会出现中毒反应。

第四节　消毒防腐药

消毒防腐药是杀灭病原微生物或抑制其生长繁殖的一类药物。其中，消毒药是指能杀灭病原微生物的药物，主要用于环境、鸭舍、排泄物、用具和器械等非生物物质表面的消毒；防腐药是指能抑制病原微生物生长繁殖的药物，主要用于抑制局部皮肤、黏膜和创伤等生物体表微生物，也用于食品、生物制品的防腐。二者没有绝对的界限，高浓度的防腐药也具有杀菌作用，低浓度的消毒药也只有抑菌作用。

各类消毒防腐药的作用机理各不相同，可归纳为以下三种：①使菌体蛋白质变性、沉淀，故称为“一般原浆毒”，如酚类、醇类、醛类、重金属盐类。②改变菌体细胞膜通透性，如表面活性剂。③破坏或干扰生命必需的酶系统，如氧化剂、卤素类。

防腐消毒药的作用受病原微生物的种类、药物浓度和作用时间、环境温度和湿度、环境 pH、有机物以及水质等的影响，使用时应加以注意。

根据化学结构和药物作用，肉鸡用消毒防腐药主要分为酚类、醛类、醇类、表面活性剂、碱类、卤素类、氧化剂类等。

一、酚类

·苯酚（酚或石炭酸）·

苯酚为原浆毒，使菌体蛋白凝固变性而呈现杀菌作用。0.1%～1%溶液有抑菌作用，1%～2%溶液有杀灭细菌和真菌作用，5%溶液可在 48h 内杀死炭疽芽孢，对病毒的作用较弱。碱性环境、脂类和皂类等能减弱其杀菌作用。

【作用与用途】用于器械、用具和环境等消毒。

【用法与用量】配成 2%～5%溶液。

【注意事项】（1）本品对皮肤和黏膜有腐蚀性，对动物和人有较强的毒性，不能用于创面和皮肤的消毒。

（2）忌与碘、溴、高锰酸钾、过氧化氢等配伍应用。

·复　合　酚·

复合酚为酚、醋酸及十二烷基苯磺酸等配制而成。

【作用与用途】能杀灭多种细菌和病毒，用于鸭舍、器具、排泄物和车辆等消毒。

【用法与用量】喷洒：配成 0.3%～1%水溶液。浸涤：配成 1.6%水溶液。

【注意事项】（1）对皮肤、黏膜有刺激性和腐蚀性，对动物和人有较强的毒性，不能用于创面和皮肤的消毒。

（2）禁与碱性药物或其他消毒剂混用。

·甲酚皂溶液·

甲酚为原浆毒，使菌体蛋白凝固变性而呈现杀菌作用。抗菌作用比苯酚强 3～10 倍，毒性大致相等，但消毒作用比苯酚低，较苯酚安全。可杀灭一般繁殖型病原菌，对芽孢无效，对病毒作用较弱。

【作用与用途】用于器械、鸭舍或排泄物等消毒。

【用法与用量】喷洒或浸泡：配成 5%～10%的水溶液。

【注意事项】（1）甲酚有特臭，不宜在肉联厂和食品加工厂等应用，以免影响食品质量。

（2）由于色泽污染，不宜用于棉、毛纤制品的消毒。

（3）对皮肤有刺激性，注意保护使用者的皮肤。

·氯甲酚溶液·

氯甲酚对细菌繁殖体、真菌和结核杆菌均有较强的杀灭作用，但不能杀灭细菌芽孢。有机碱可减弱其杀菌效果。pH 较低时，杀菌效果较好。

【作用与用途】用于畜禽舍及环境消毒。

【用法与用量】喷洒消毒：1∶（33～100）倍稀释。

【注意事项】（1）本品对皮肤、黏膜有腐蚀性。

（2）现用现配，稀释后不宜久贮。

二、醛类

·甲醛溶液·

通常称为福尔马林，含甲醛不少于 36.0%（g/g）。可与蛋白质中的氨基结合，是蛋白质凝固变性，其杀菌作用强，对细菌、芽孢、真菌、病毒都有效。

【作用与用途】用于鸭舍熏蒸消毒。

【用法与用量】以本品计。空间熏蒸消毒：15mL/m^3。器械消毒：配成2%溶液。种蛋熏蒸消毒：对刚产的种蛋每1m^3空间用福尔马林42mL、高锰酸钾21g、水7mL，熏蒸20min，对洗涤室、垫料、运雏箱则需熏蒸消毒30min；入孵第一天的种蛋用福尔马林28mL、高锰酸钾14g、水5mL，熏蒸20min。

【注意事项】（1）对皮肤、黏膜有强刺激性。药液污染皮肤，应立即用肥皂和水清洗。

（2）甲醛气体有强致癌作用，尤其肺癌。

（3）消毒后在物体表面形成一层具腐蚀作用的薄膜。

·复方甲醛溶液·

复方甲醛溶液为甲醛、乙二醛、戊二醛和苯扎氯铵与适宜辅料配制而成。

【作用与用途】用于鸭舍及器具消毒。

【用法与用量】鸭舍、物品、运输工具消毒：1∶（200～400）倍稀释；发生疫病时消毒：1∶（100～200）倍稀释。

【注意事项】（1）对皮肤、黏膜有强刺激性。操作人员要做好防护措施。

（2）温度低于5℃时，可适当提高使用浓度。

（3）忌与肥皂及其他阴离子表面活性剂、盐类消毒剂、碘化物和过氧化物等合用。

·浓戊二醛溶液·

戊二醛为灭菌剂，具有广谱、高效和速效消毒作用。对革兰氏阳性和阴性细菌均具有迅速的杀灭作用，对细菌繁殖体、芽孢、病毒、结核杆菌和真菌等均有很好的杀灭作用。水溶液pH为7.5～7.8时，杀菌作用最佳。

【作用与用途】主要用于鸭舍及器具的消毒。

【用法与用量】以戊二醛计。喷洒、浸泡消毒：配成2%溶液，消毒15～20min或放置至干。

【注意事项】（1）避免接触皮肤和黏膜。如接触后应及时用水冲洗干净。

（2）不应接触金属器具。

·（稀）戊二醛溶液·

【作用与用途】用于鸭舍及器具的消毒。

【用法与用量】以戊二醛计。喷洒使浸透：配成0.78%溶液，保持5min或放置至干。

【注意事项】避免接触皮肤和黏膜。

·复方戊二醛溶液·

复方戊二醛溶液为戊二醛和苯扎氯铵配制而成。

【作用与用途】用于鸭舍及器具的消毒。

【用法与用量】喷洒：1∶150倍稀释，$9mL/m^2$；涂刷：1∶150倍稀释，无孔材料表面$100mL/m^2$，有孔材料表面$300mL/m^2$。

【注意事项】（1）易燃。为避免被灼烧，避免接触皮肤和黏膜，避免吸入，使用时需谨慎，应配备防护衣、手套、护面和护眼用具等。

（2）禁与阴离子表面活性剂及盐类消毒剂合用。

·季铵盐戊二醛溶液·

季铵盐戊二醛溶液为苯扎氯铵、癸甲溴铵和戊二醛配制而成。配有无水碳酸钠。

【作用与用途】用于鸭舍日常环境消毒。可杀灭细菌、病毒、芽孢。

【用法与用量】以本品计。临用前将消毒液碱化（每100mL消毒液加无水碳酸钠2g，搅拌至无水碳酸钠完全溶解），再用自来水将碱化液稀释后喷雾或喷洒：200mL/m²，消毒1h。日常消毒，1∶（250～500）稀释；杀灭病毒，1∶（100～200）稀释；杀灭芽孢1∶（1～2）稀释。

【注意事项】（1）使用前将动物厩舍清理干净。

（2）对具有碳钢或铝设备的厩舍进行消毒时，需在消毒1h后及时清洗残留的消毒液。

（3）消毒液碱化后3d内用完。

（4）产品发生冻结时，用前进行解冻，并充分摇匀。

三、季铵盐类

·辛氨乙甘酸溶液·

辛氨乙甘酸溶液为两性离子表面活性剂。对化脓球菌、肠道杆菌等及真菌有良好的杀灭作用，对细菌芽孢无杀灭作用。具有低毒、无残留特点，有较好的渗透性。

【作用与用途】用于鸭舍、环境、器械、种蛋和手的消毒。

【用法与用量】鸭舍、环境、器械消毒：1∶（100～200）倍稀释；种蛋消毒：1∶500倍稀释；手消毒：1∶1 000倍稀释。

【注意事项】（1）忌与其他消毒药合用。

（2）不宜用于粪便、污秽物及污水的消毒。

·苯扎溴铵溶液·

苯扎溴铵溶液为阳离子表面活性剂，对细菌如化脓球菌、肠道杆菌等有较好的杀灭作用，对革兰氏阳性菌的杀灭能力强于革兰氏阴性菌。对病毒的作用较弱，对亲脂性病毒如流感有一定的杀灭作用，对亲水性病毒无效。对结核杆菌和真菌杀灭效果甚微。对细菌芽孢只能起到抑制作用。

【作用与用途】用于手术器械、皮肤和创面消毒。

【用法与用量】以苯扎溴铵计。创面消毒：配成0.01%溶液；皮肤、手术器械消毒：配成0.1%溶液。

【注意事项】（1）禁与肥皂或其他阴离子表面活性剂、盐类消毒药、碘化物和过氧化物等合用，经肥皂洗手后，务必用水冲洗干净后再用本品。

（2）不宜用于眼科器械和合成橡胶制品的消毒。

（3）手术器械浸泡消毒时需加入0.5%亚硝酸钠以防止生锈，其水溶液不得贮存于聚乙烯制作的瓶内，以避免与增塑剂起反应而使药液失效。

（4）不适用于粪便、污水和皮革等消毒。

（5）可引起人的药物过敏。

·癸甲溴铵溶液·

癸甲溴铵溶液为阳离子表面活性剂，能吸附于细菌表面，改变菌体细胞膜的通透性，呈现杀菌作用。具有广谱、高效、无毒、抗硬水、抗有机物等特点，适用于环境、水体、器具等消毒。

【作用与用途】用于鸭舍、饲喂器具和饮水等消毒。

【用法与用量】以癸甲溴铵计。鸭舍、器具消毒：配成0.015%～0.05%溶液；饮水消毒：配成0.002 5%～0.005%溶液。

【注意事项】（1）原液对皮肤和眼睛有轻微刺激，避免接触眼睛、皮肤和黏膜，如溅及眼睛和皮肤，立即以大量清水冲洗至少15min。

（2）内服有毒性，如误食立即用大量清水或牛奶洗胃。

·度 米 芬·

度米芬为阳离子表面活性剂，可用作消毒剂、除臭剂和杀菌防霉剂。对革兰氏阳性和阴性菌均有杀灭作用，但对阴性菌需较高浓度。对细菌芽孢、耐酸细菌和病毒效果不显著。有抗真菌作用。在中心或弱碱性溶液中效果更好，在酸性溶液中效果下降。

【作用与用途】用于创面、黏膜、皮肤和器械消毒。

【用法与用量】创面、黏膜消毒：0.02%～0.05%溶液；皮肤、器械消毒：0.05%～0.1%溶液。

【不良反应】可引起人接触性皮炎。

【注意事项】（1）禁止与肥皂、盐类和其他合成洗涤剂、无机碱合用。避免使用铝制容器。

（2）消毒金属器械需加0.5%亚硝酸钠防锈。

·醋酸氯己定·

醋酸氯己定为阳离子表面活性剂，对革兰氏阳性、阴性菌和真菌均有杀灭作用，但对结核杆菌、细菌芽孢及某些真菌仅有抑制作用。杀菌作用强于苯扎溴铵，迅速且持久，毒性低，无局部刺激作用。不易被有机物灭活，但易被硬水中的阴离子沉淀而失去活性。

【作用与用途】用于皮肤、黏膜、手术创面、手及器械等消毒。

【用法与用量】皮肤消毒：配成0.5%醇溶液（以70%乙醇配制）；黏膜及创面消毒：配成0.05%溶液；手消毒：配成0.02%溶液；器械消毒：配成0.1%溶液。

【注意事项】（1）禁与肥皂、碱性物质和其他阳离子表面活性剂混合使用，金属器械消毒时加0.5%亚硝酸钠防锈。

（2）禁与汞、甲醛、碘酊、高锰酸钾等消毒剂配伍应用。

（3）本品遇硬水可形成不溶性盐，遇软木（塞）可失去药物活性。

·月苄三甲氯铵溶液·

【作用与用途】用于鸭舍及器具消毒。

【用法与用量】鸭舍消毒，喷洒：1∶300倍稀释；器具消毒，浸洗1∶（1 000～1 500）倍稀释。

【注意事项】禁与肥皂、酚类、原酸盐类、酸类、碘化物等合用。

四、碱类

·氢氧化钠（苛性钠）·

氢氧化钠为一种高效消毒剂。属原浆毒，能杀灭细菌、芽孢和病毒。2%～4%溶液可杀死病毒和细菌；30%溶液10min可杀死芽孢；4%溶液45min可杀死芽孢。

【作用与用途】用于鸭舍、仓库地面、墙壁、工作间、入口处、运输车船和饲饮具等消毒。

【用法与用量】消毒：配成1%～2%热溶液用于喷洒或洗刷消毒。

2%～4%溶液用于病毒、细菌的消毒。5%溶液用于养殖场消毒池及对进出车辆的消毒。

【注意事项】(1) 遇有机物可使其杀灭病原微生物的能力降低。

(2) 消毒鸭舍前应驱出肉鸭。

(3) 对组织有强腐蚀性，能损坏织物和铝制品等。

(4) 消毒时应注意防护，消毒后适时用清水冲洗。

五、卤素类

·含氯石灰（漂白粉）·

遇水生成次氯酸，释放活性氯和新生态氧而呈现杀菌作用。杀菌作用强但不持久。对细菌繁殖体、芽孢、病毒及真菌都有杀灭作用，并可破坏肉毒梭菌毒素。1%溶液作用0.5～1min即可抑制多数繁殖型细菌的生长，1～5min可抑制葡萄球菌和链球菌的生长，但对结核杆菌和鼻疽杆菌效果较差。30%混悬液作用7min，炭疽芽孢及停止生长。杀菌作用受有机物的影响，实际消毒时，与被消毒物的接触至少需15～20min。含氯石灰中所含的氯可与氨和硫化氢发生反应，故有除臭作用。

【作用与用途】用于饮水、厩舍、场地、车辆及排泄物的消毒。

【用法与用量】5%～20%混悬液用于厩舍、地面和排泄物的消毒。饮水消毒：每50L水加本品1g，30min后即可饮用。

【注意事项】（1）对皮肤和黏膜有刺激作用，消毒人员应注意防护。

（2）对金属有腐蚀作用，不能用于金属制品。

（3）可使有色棉织物褪色，不可用于有色衣物的消毒。

（4）现配现用，久贮易失效，保存于阴凉干燥处。

·次氯酸钠溶液·

【作用与用途】用于鸭舍、器具及环境的消毒。

【用法与用量】以本品计。鸭舍、器具消毒，1∶（50～100）倍稀释。禽流感病毒疫源地消毒，1∶10倍稀释，常规消毒，1∶1 000倍稀释。

【注意事项】（1）本品对金属有腐蚀性，对织物有漂白作用。

（2）可伤害皮肤，置于儿童不能触及处。

（3）包装物用后集中销毁。

·复合次氯酸钙粉·

复合次氯酸钙粉由次氯酸钙和丁二酸配合而成。遇水生成次氯酸，释放活性氯和新生态氧而呈现杀菌作用。

【作用与用途】用于空舍、周边环境喷雾消毒和禽类饲养全过程的带鸭喷雾消毒，饲养器具的浸泡消毒和物体表面的擦洗消毒。

【用法与用量】（1）配制消毒母液：打开外包装后，先将 A 包内容物溶解到 10L 水中，待搅拌完全溶解后，再加入 B 包内容物，搅拌，至完全溶解。

（2）喷雾：空鸭舍和环境消毒，1∶（15～20）倍稀释，每 $1m^3$ 150～200mL 作用 30min；带鸭消毒，预防和发病时分别按 1∶20 倍和 1∶15 倍稀释，每 $1m^3$ 50mL 作用 30min。

（3）浸泡、擦洗饲养器具，1∶30 倍稀释，按实际需要量作用 20min。

（4）对特定病原体如大肠杆菌、金黄色葡萄球菌 1∶140 倍稀释，巴氏杆菌、禽流感病毒 1∶30 倍稀释，法氏囊病毒 1∶120 倍稀释，新城疫病毒 1∶480 倍稀释，口蹄疫病毒 1∶2 100 倍稀释。

【注意事项】（1）配制消毒母液时，袋内的 A 包与 B 包必须按顺序一次性全部溶解，不得增减使用量。配制好的消毒液应在密封非金属容器中贮存。

（2）配制消毒液的水温不得超过 50℃和低于 25℃。

（3）若母液不能一次用完，应放于 10L 桶内，密闭，置凉暗处，可保存 60d。

（4）禁止内服。

·复合亚氯酸钠·

复合亚氯酸钠与盐酸可生产二氧化氯而发挥杀菌作用。对细菌繁殖体、芽孢、病毒及真菌都有杀灭作用，并可破坏肉毒梭菌毒素。二氧化氯形成的多少与溶液的 pH 有关，pH 越低，二氧化氯形成越多，杀菌作用越强。

【作用与用途】用于鸭舍、饲喂器具及饮水等消毒，并有除臭作用。

【用法与用量】本品 1g 加水 10mL 溶解，加活化剂 1.5mL 活化后，加水至 150mL 备用。鸭舍、饲喂器具消毒：15～20 倍稀释；饮水消毒：200～1 700 倍稀释。

【注意事项】(1) 避免与强还原剂及酸性物质接触。注意防爆。

(2) 本品浓度为 0.01%时对铜、铝有轻度腐蚀性，对碳钢有中度腐蚀。

(3) 现配现用。

·二氯异氰尿酸钠粉·

含氯消毒剂。在水中分解为次氯酸和氯脲酸，次氯酸释放活性氯和新生态氧，对细菌原浆蛋白产生氯化和氧化反应而呈现杀菌作用。

【作用与用途】主要用于鸭舍、畜栏、器具及种蛋等消毒。

【用法与用量】 以有效氯计。鸭饲养场所、器具消毒：每 1L 水，0.1～1g；种蛋消毒，浸泡：每 1L 水 0.1～0.4g；疫源地消毒：每 1L 水 0.2g。

【注意事项】所需消毒溶液现配现用，对金属有轻微腐蚀，可使有色棉织品褪色。

·三氯异氰脲酸粉·

含氯消毒剂。在水中分解为次氯酸和氯脲酸，次氯酸释放活性氯和新生态氧，对细菌原浆蛋白产生氯化和氧化反应而呈现杀菌作用。

【作用与用途】主要用于鸭舍、畜栏、器具及饮水消毒。

【用法与用量】以有效氯计。喷洒、冲洗、浸泡：鸭饲养场地的消毒，配成 0.16%溶液；饲养用具，配成 0.04%溶液；饮水消毒，每 1L 水 0.4mg，作用 30min。

【注意事项】本品对人的皮肤与黏膜有刺激作用，对织物、金属有漂白或腐蚀作用，使用时注意防护。

·溴氯海因粉·

溴氯海因粉为有机溴氯复合型消毒剂，能同时解离出溴和氯分别形成次氯酸和次溴酸，有协调增效作用。溴氯海因具广谱杀菌作用，对细菌繁殖型芽孢、真菌和病毒有杀灭作用。

【作用与用途】 用于动物厩舍、运输工具等的消毒。

【用法与用量】 以本品计。喷洒、擦洗或浸泡：环境或运载工具消毒，鸭新城疫、传染性法氏囊病按 1∶333 倍稀释，细菌繁殖体按 1∶1 333 倍稀释。

【注意事项】（1）本品对炭疽芽孢无效。

（2）禁用金属容器盛放。

·碘·

碘能引起蛋白质变性而具有极强的杀菌力，能杀死细菌、芽孢、霉菌、病毒和部分原虫。碘难溶于水，在水中不易水解形成次碘酸。在碘水溶液中具有杀菌作用的成分为元素碘（I_2）、三碘化物的离子（I_3^-）和次碘酸（HIO），其中次碘酸的量较少，但作用最强，I_2 次之，解离的 I_3^- 杀菌作用极微弱。在酸性条件下，游离碘增多，杀菌作用较强；在碱性条件下则相反。商品化碘消毒剂较多。

【药物相互作用】 与含汞化合物相遇，产生碘化汞而呈现毒性作用。

【不良反应】 使用时偶尔引起过敏反应。

【注意事项】（1）对碘过敏的动物禁用。

（2）禁与含汞化合物配伍。

（3）必须涂于干的皮肤上，如涂于湿皮肤上不仅杀菌效力降低，且易引起发泡和皮炎。

（4）配制碘液时，若碘化物过量加入，可使游离碘变为碘化物，反而导致碘失去杀菌作用。配制的碘溶液应存放在密闭容器内。

（5）若存放时间过久，颜色变淡，应测定碘含量，并将碘浓度补足后再使用。

（6）碘可着色，沾有碘液的天然纤维织物不易洗除。

（7）长时间浸泡金属器械会产生腐蚀性。

·碘　酊·

碘酊是常用最有效的皮肤消毒药。含碘 2%，碘化钾 1.5%，加水适量，以 50%乙醇配制。

【作用与用途】用于手术前和注射前皮肤消毒和术野消毒。

【用法与用量】外用：涂擦皮肤。

【不良反应】【注意事项】同碘。

·碘 甘 油·

碘甘油刺激性较小。含碘 1%，碘化钾 1%，加甘油适量配制而成。

【作用与用途】用于黏膜表面消毒，治疗口腔、舌、齿龈、阴道等黏膜炎症与溃疡。

【用法与用量】外用：涂擦皮肤。

【不良反应】【注意事项】同碘。

·碘　附·

碘附由碘、碘化钾、硫酸、磷酸等配制而成。

【作用与用途】用于手术部位和手术器械消毒剂厩舍、饲喂器具、种蛋消毒。

【用法与用量】以本品计。喷洒、冲洗、浸泡：手术部位和手术器械消毒，用水 1：（3～6）稀释；厩舍、饲喂器具、种蛋消毒，用水 1：（100～200）稀释。

【不良反应】【注意事项】同碘。

·碘酸混合溶液·

【作用与用途】用于鸭舍、肉鸭产品加工场所、用具及饮水的消毒。

【用法与用量】病毒类消毒：配成 0.66%～2%溶液；鸭舍及用具消毒：配成 0.33%～0.50%溶液；肉鸭饮水消毒：配成 0.08%溶液。

【不良反应】【注意事项】同碘。

·聚维酮碘溶液·

聚维酮碘溶液通过释放游离碘，破坏菌体新陈代谢，对细菌、病毒和真菌均有良好的杀灭作用。

【作用与用途】常用于手术部位、皮肤和黏膜消毒。

【用法与用量】以聚维酮碘计。皮肤消毒及治疗皮肤病：配成 5%溶液；黏膜及创面冲洗：配成 0.1%溶液。带鸭消毒可用 0.5%溶液。

【注意事项】（1）当溶液变为白色或淡黄色即失去消毒活性。

（2）勿用金属容器盛装。

（3）勿与强碱类物质及重金属物质混用。

·蛋氨酸碘溶液·

蛋氨酸碘溶液为蛋氨酸与碘的络合物。通过释放游离碘，破坏菌体新陈代谢，对细菌、病毒和真菌均有良好的杀灭作用。

【作用与用途】主要用于鸭舍消毒。

【用法与用量】以本品计。厩舍消毒：取本品稀释 500～2 000 倍后喷洒。

【注意事项】勿与维生素C类强还原物同时使用。

六、氧化剂类

·过氧乙酸溶液·

过氧乙酸溶液为强氧化剂，遇有机物放出初生态氧通过氧化作用杀灭病原微生物。

【作用与用途】用于杀灭鸭舍、用具（食槽、水槽）、场地的喷雾消毒及鸭舍内空气消毒。可以带鸭消毒，也可用于饲养人员手臂消毒。

【用法与用量】以本品计。喷雾消毒：鸭舍1∶（200～400）倍稀释；熏蒸消毒：5～15mL/m^3；浸泡消毒：器具等1∶500倍稀释。饮水消毒：每10L水加本品1mL。

【注意事项】（1）使用前将A、B液混合反应10h生产过氧乙酸消毒液。

（2）本品腐蚀性强，操作时戴上防护手套，避免药液灼伤皮肤。

（3）稀释时避免使用金属器具。

（4）稀释液易分解，宜现用现配。

（5）配好的溶液应低温、避光、密闭保存，置玻璃瓶内或硬质塑料瓶内。

·过硫酸氢钾复合物粉·

【作用与用途】用于鸭舍、空气和饮水等消毒。

【用法与用量】浸泡、喷雾：鸭舍环境、饮水设备及空气消毒、终末消毒、设备消毒、孵化场消毒、脚踏盆消毒：1∶200倍稀释；饮用水消毒：1∶1 000倍稀释。用于特定病原体，大肠杆菌、金黄色葡萄球菌、传染性法氏囊病毒：1∶400倍稀释；用于链球菌：1∶

800倍稀释；用于禽流感病毒：1∶1 600倍稀释。

【注意事项】（1）不得与碱类物质混存或合并使用。

（2）产品用尽后，包装不得乱丢，应集中处理。

（3）现配现用。

七、酸类

·醋　　酸·

醋酸又名乙酸。对细菌、真菌、芽孢和病毒均有较强的杀灭作用。一般来说，对细菌繁殖体最强，依次为真菌、病毒、结核杆菌及芽孢。

【作用与用途】用于带鸭消毒与空气消毒等。

【用法与用量】空气消毒（带鸭）：稀醋酸（36%～37%）溶液加热蒸发，每100m^3 20～40mL（加5～10倍水稀释）。

【注意事项】（1）避免与眼睛接触，若与高浓度醋酸接触，应立即用清水冲洗。

（2）避免接触金属器械，以免产生腐蚀作用。

（3）禁与碱性药物配伍。

第五节　中兽药制剂

一、中兽药防治鸭病

中医禽病学是中兽医学的组成部分，是与古代中医理论相结合而发展起来的兽医学科。在周代，国家就有治疗兽病、禽伤的兽医，说明养殖和治病是同时发展起来的。

在古代，人们在饲养过程中发现禽患病，然后像治疗人一样给它们治疗，并总结经验，于是形成了禽病的概念和治疗禽病的方法。养禽的历史同时也是治疗禽病的历史。对于中国养禽历史，谢成侠编著的《中国养禽史》这样说："考古学家、历史学家从古代文字去推敲只能追溯到3 000多年前"，可见我国养禽历史的悠久。

禽业的发展促进了禽病防治工作的开展。目前我国已形成较为完善的防疫监督体系，为防治禽病做出了突出的贡献。由于从国内到国外食品安全要求越来越高，养殖企业认识到用中药防病、治病较为理想、安全。因此，很多研发人员开始研究中药方剂，采用中药防病治病，并利用中医"药食同源"的指导思想调整饲料营养，提高禽体抵抗力。

二、中兽医方剂

方，即指处方或药方；剂，指剂型味数的多少，体积重量的多少。将药方按君、臣、佐、使顺序互相配伍，方能加强疗效，并能减少或缓和某些药物的毒性、烈性，消除治病不利的因素，使中兽药更好地适应病症复杂、传变的治效。

为达到防治鸭病的目的，中兽医在辨证立法的基础上，应合理运用方剂。几千年来我国中兽医积累了丰富的经验，这些都是中华民族的文化遗产，我们应继承发扬，使其在防治鸭病方面发挥更好的作用。

（一）解表剂

凡以解表药为主而组成，具有发汗解肌、疏达腠理、透邪外出等作用，主治表证的方剂，统称解表剂。解表剂属于八法中的"汗法"。

·银　翘　散·

【组成】金银花60g、淡豆豉30g、甘草20g、连翘45g、牛蒡子45g、芦根30g、薄荷30g、桔梗25g、荆芥30g、淡竹叶20g。

【性状】本品为棕褐色粉末；气香，味微甘、苦、辛。

【功用】辛凉解表，清热解毒。

【主治】风热感冒，咽喉肿痛，疮痈初起。

【用法与用量】口服，每只鸭 1～3g。

【方解】温病初起，邪在卫分，卫气被郁，开合失司，故发热、微恶风寒、无汗或有汗不畅；肺位置最高而开窍于鼻，邪自口鼻而入，上犯于肺，肺气失宣，则见咳嗽；风热搏结气血，成毒，热毒侵袭肺系门户，则见咽喉红肿疼痛；温邪伤津，故口渴；舌尖红，苔薄白或微黄，脉浮数均为温病初起之佐证。治宜辛凉透表，清热解毒。方中金银花、连翘气味芳香，既能疏散风热，清热解毒，又可避讳化浊，故重用为君药。荆芥、薄荷、牛蒡子辛凉，疏散风热；淡豆豉解表散邪，故以上四药为臣药。芦根、竹叶清热生津，桔梗开宣肺气而止咳，同为佐药。甘草护胃安中，为佐药。

【不良反应】按规定剂量使用，暂未见不良反应。

·麻杏石甘散·

【组成】麻黄 30g、苦杏仁 30g、石膏 150g、炙甘草 30g。

【性状】本品为淡黄色的粉末；气微香，味辛、苦、涩。

【功用】清热，宣肺，平喘。

【主治】肺热咳喘。

【用法与用量】口服，鸭 1～3g。

【方解】方中麻黄辛温，开宣肺气以平喘；石膏大寒，倾泻肺热以生津，二药一辛寒，一辛温，合用有相辅之意。杏仁味苦，降利肺气而平喘，为臣药。炙甘草既能益气和中，又与石膏相合而生津，为佐药。四药合用，解表与清肺并用，以清为主；宣肺与降气结合，以宣为主。共成辛凉疏表，清肺平喘之效。

【不良反应】按规定剂量使用，暂未见不良反应。

·麻黄桂枝散·

【组成】 麻黄 45g、防风 25g、紫苏叶 25g、皂角 20g、桂枝 30g、桔梗 30g、薄荷 25g、枳壳 30g、细辛 5g、苍术 30g、槟榔 20g、羌活 25g、荆芥 25g、甘草 15g。

【性状】 本品为黄棕色的粉末；气香，味甘、辛。

【功用】 解表散寒，疏理气机。

【主治】 风寒感冒。

【用法与用量】 口服，鸭 1～3g。

【方解】 方中麻黄、桂枝、薄荷发汗解表；防风、紫苏叶、荆芥祛风解表；皂角、桔梗、细辛开窍祛痰，宣肺利咽；羌活辛苦性温，散表寒，祛风湿，利关节，止痹痛，为治太阳风寒湿邪在表之要药。防风辛甘性温，为风药中之润剂，祛风除湿，散寒止痛；苍术辛苦而温，可发汗祛湿，为祛太阴寒湿的主要药物。枳壳、槟榔理气宽中，消积、下气；甘草调和诸药。全方解表散寒，疏理气机。

【不良反应】 按规定剂量使用，暂未见不良反应。

（二）清热剂

凡以清热药为主组成的方剂有清热泻火、清热燥湿、清热解毒、清营凉血、清解暑热、清退虚热等作用的统称清热剂，主治里热证。清热剂属于八法中的“清法”。

·七清败毒颗粒·

【组成】 黄芩 100g、虎杖 100g、白头翁 80g、苦参 80g、板蓝根 100g、绵马贯众 60g、大青叶 40g。

【性状】 本品为黄棕色至棕褐色颗粒；味苦。

【功用】 清热解毒，燥湿止泻。

【用法与用量】饮水，每 1L 水，鸭 2.5g。

【主治】湿热泄泻，鸭白痢。

【方解】黄芩清热燥湿，凉血安胎，解毒功效；虎杖利湿退黄，清热解毒，散瘀止痛；辅以白头翁、苦参清热燥湿，祛风杀虫；板蓝根、大青叶清热解毒，凉血利咽；绵马贯众清热解毒，凉血止血。诸药合用共奏清热解毒，燥湿止泻、止血之功。

【不良反应】按规定剂量使用，暂未见不良反应。

·四味穿心莲散·

【组成】穿心莲 450g、辣蓼 150g、大青叶 200g、葫芦茶 200g。

【性状】本品为灰绿色的粉末；气微，味苦。

【功用】清热解毒，除湿化滞。

【主治】泻痢，积滞。

【用法与用量】口服，鸭，每 1kg 体重 0.5～1g。

【方解】穿心莲有清热解毒，消肿止痛作用；辣蓼能去湿止泻，散淤止痛；葫芦茶有清热解暑，消积利湿，杀虫等作用；大青叶能清热解毒，凉血消斑。四味药物协同共凑清热解毒，除湿化滞之功效，主治泻痢、积滞。

【不良反应】按规定剂量使用，暂未见不良反应。

·白　龙　散·

【组成】白头翁 600g、龙胆 300g、黄连 100g。

【性状】本品为浅棕黄色的粉末；气微，味苦。

【功用】清热燥湿，凉血止痢。

【主治】湿热泻痢，热毒血痢。

【用法与用量】口服，鸭 1～3g。

【方解】白头翁，清热解毒凉血止痢为主药，黄连、龙胆清热燥湿利水为佐辅药，合而用之，具有清热解毒、燥湿止痢之效。

【不良反应】按规定剂量使用，暂未见不良反应。

·白 矾 散·

【组成】白矾60g、浙贝母30g、黄连20g、白芷20g、郁金25g、黄芩45g、大黄25g、葶苈子30g、甘草20g。

【性状】本品为黄棕色的粉末；气香，味甘、涩、微苦。

【功用】清热化痰，下气平喘。

【主治】肺热咳喘。

【用法与用量】口服，鸭1～3g。

【方解】白矾、贝母、葶苈子清润肺燥，消痰涎，敛肺气，泻肺水；黄连、黄芩清肺泻火；大黄、郁金、白芷活血定痛，泻血热；甘草润燥、清热解毒，调和诸药。

【不良反应】按规定剂量使用，暂未见不良反应。

·杨树花片·

【组成】杨树花0.3g。

【性状】本品为灰褐色片；味苦、微涩。

【功用】清热解毒，化湿止痢。

【主治】痢疾，肠炎。

【用法与用量】口服，鸭3～6片。

【方解】方中杨树花清热解毒，化湿止泻。

【不良反应】按规定剂量使用，暂未见不良反应。

·黄连解毒散·

【组成】黄连30g、黄芩60g、黄柏60g、栀子45g。

【性状】本品为黄褐色的粉末；味苦。

【功用】泻火解毒。

【主治】三焦实热，疮黄肿毒。

【用法与用量】口服，鸭 1～2g。

【方解】本方证乃火毒充斥三焦所致。火毒炽盛，内外皆热，上扰神明，故烦热错语；血为热迫，随火上逆；热伤脉络，血溢肌肤，则为发斑；热盛则津伤，故口燥咽干；舌红苔黄，脉数有力，皆为火毒炽盛之证。综上诸症，皆为实热火毒为患，治宜泻火解毒。方中以大苦大寒之黄连清泻心火为君，兼泻中焦之火。臣以黄芩清上焦之火。佐以黄柏清下焦之火；栀子清三焦之火，导热下行，引邪热从小便而出。四药合用，苦寒直折，三焦之火邪去而热毒解，诸症可愈。

【不良反应】按规定剂量使用，暂未见不良反应。

·清瘟败毒散·

【组成】石膏 120g、栀子 30g、玄参 25g、甘草 15g、地黄 30g、牡丹皮 20g、知母 30g、淡竹叶 25g、水牛角 60g、黄芩 25g、连翘 30g、黄连 20g、赤芍 25g、桔梗 25g。

【性状】本品为灰黄色的粉末；气微香，味苦、微甜。

【功用】泻火解毒，凉血。

【主治】热毒发斑，高热神昏。

【用法与用量】服，鸭 1～3g。

【方解】本证多由疫毒邪气内侵脏腑，外窜肌表，气血两燔所致，治疗以清热解毒，凉血泻火为主。清瘟败毒饮是由白虎汤、水牛角地黄汤、黄连解毒汤三方加减而成，其清热泻火、凉血解毒的作用较强。方中重用生石膏直清胃热。胃是水谷之海，十二经的气血皆禀于胃，所以胃热清则十二经之火自消。石膏配知母、甘草，有清热保津之功，加以连翘、竹叶，轻清宣透，清透气分表里之热毒；再加黄芩、黄连、栀子（即黄连解毒汤法）通泄三焦，可清泄气分上下之火邪。诸药合用，清气分之热。水牛角、地黄、赤芍、丹皮共用，为水牛角地黄汤法，专于凉血解毒，养阴化瘀，以清血分之热。以上三方合用，则气血两清的作用尤强。此外，玄参、桔梗、甘草、连翘同用，还能清润咽喉；竹叶、栀子同用则清心利尿，导热下行。综合本方诸药的配伍，对疫毒火邪、充斥内外、气血两燔的证候，确为有效的良方。

【不良反应】按规定剂量使用，暂未见不良反应。

·普济消毒散·

【组成】大黄 30g、马勃 20g、升麻 25g、连翘 30g、滑石 80g、黄芩 25g、薄荷 25g、柴胡 25g、荆芥 25g、黄连 20g、玄参 25g、桔梗 25g、板蓝根 30g、甘草 15g、牛蒡子 45g、陈皮 20g、青黛 25g。

【性状】本品为灰黄色的粉末；气香，味苦。

【功用】清热解毒，疏风消肿。

【主治】热毒上冲，头面、腮颊肿痛，疮黄疔毒。

【用法与用量】口服，鸭 1～3g。

【方解】方中重用大黄、黄连、黄芩清热泻火，祛上焦热毒，为君药。牛蒡子、连翘、薄荷辛凉疏散头面风热为臣。玄参、板蓝根、马勃、桔梗、甘草清利咽喉，并助黄芩、黄连清热解毒；陈皮利气而疏通壅滞，共为佐药。柴胡、升麻疏散风热，并引诸药上行头面，为佐使药。诸药合用，共凑清热解毒，疏风散邪之功。

【不良反应】按规定剂量使用，暂未见不良反应。

·锦板翘散·

【组成】地锦草 100g、板蓝根 60g、连翘 40g。

【性状】本品为黄褐色的粉末；气微。

【功能】清热解毒，凉血止痢。

【主治】血痢，肠黄。

【用法与用量】口服，鸭 3～6g。

【方解】地锦草能清热解毒，凉血止血，利湿退黄；板蓝根清热解毒，凉血消斑，利咽止痛；连翘清热，解毒，散结，消肿。全方共奏清热解毒，凉血止痢之功。

【不良反应】按规定剂量使用，暂未见不良反应。

·白马黄柏散·

【组成】白头翁 300g、马齿苋 400g、黄柏 300g。

【性状】本品为棕黄色的粉末；气微，味苦。

【功用】清热解毒，凉血止痢。

【主治】热毒血痢，湿热肠黄。

【用法与用量】口服，鸭 1.5～6g。

【方解】白头翁凉血止痢；马齿苋清热解毒、祛湿；黄柏清热燥湿，泻火解毒。全方清热解毒，凉血止痢。

【不良反应】按规定剂量使用，暂未见不良反应。

·白头翁散·

【组成】白头翁 60g、黄连 30g、黄柏 45g、秦皮 60g。

【性状】本品为浅灰黄色的粉末；气香，味苦。

【功用】清热解毒，凉血止痢。

【主治】湿热泄泻，下痢脓血。

【用法与用量】口服，鸭 2～3g。

【方解】本方证是因热毒深陷血分，下迫大肠所致。热度熏灼胃肠气血，化为脓血，而见下痢脓血、赤多白少；热毒阻滞气机则腹痛里急后重；渴欲饮水，舌红苔黄，脉弦数皆为热邪内盛之象。治宜清热解毒，凉血止痢。俾热毒解，则痢止而后重自除。故方用酷寒而入血分的白头翁为君，清热解毒，凉血止痢。黄连苦寒，泻火解毒，燥湿厚肠，为治痢要药；黄柏清下焦湿热，两药共助君药清热解毒，尤能燥湿治痢，共为臣药。秦皮苦涩而寒，清热解毒而兼以收涩止痢，为佐使药。四药合用，共奏清热解毒，凉血止痢之功。

【不良反应】按规定剂量使用，暂未见不良反应。

·香　薷　散·

【组成】香薷 30g、黄芩 45g、黄连 30g、甘草 15g、柴胡 25g、当归 30g、连翘 30g、栀子 30g、天花粉 30g。

【性状】本品为黄色的粉末；气香，味苦。

【功用】清热解暑。

【主治】伤暑，中暑。

【用法与用量】口服，鸭 1～3g。

【方解】香薷辛温芳香，解表散寒，祛暑化湿，是夏月解表之要药；黄芩、连翘、黄连、栀子清热燥湿；天花粉善于清热泻火，生津止渴；柴胡和解表里，退热截疟；当归养血活血；甘草调和诸药。全方发挥清热消暑之功。

·清　暑　散·

【组成】香薷 30g、木通 25g、菊花 30g、甘草 15g、白扁豆 30g、猪牙皂 20g、石菖蒲 25g、麦冬 25g、藿香 30g、金银花 60g、薄荷 30g、茵陈 25g、茯苓 25g。

【性状】本品为黄棕色的粉末；气香窜，味辛、甘、微苦。

【功用】清热祛暑。

【主治】伤暑，中暑。

【用法与用量】口服，鸭 1～3g。

【方解】方中香薷、藿香发汗解暑、行水散湿；木通清心火，利小便；菊花、金银花散风清热、平肝明目、清热解毒；白扁豆健脾化湿、利尿消肿、清肝明目；猪牙皂、石菖蒲醒神开窍；麦冬养阴生津，润肺清心；茵陈、茯苓清热利湿；甘草调和诸药。全方清热祛湿、消暑。

【不良反应】按规定剂量使用，暂未见不良反应。

·金叶清瘟散·

【组成】金银花 320g、大青叶 320g、板蓝根 240g、柴胡 240g、鹅不食草 128g、蒲公英 160g、紫花地丁 160g、连翘 160g、甘草 160g、天花粉 120g、白芷 120g、防风 80g、赤芍 48g、浙贝母 112g、乳香 16g、没药 16g。

【性状】本品为灰褐色的粉末；气微香，味苦。

【功能】清瘟败毒，凉血消斑。

【主治】热毒壅盛。

【用法与用量】每 1kg 饲料，鸭 5～10g。

【方解】方中金银花、大青叶、板蓝根、蒲公英、紫花地丁能清热解毒，凉血；鹅不食草、连翘通窍散寒、祛风利湿、散瘀消肿；天花粉清热泻火，生津止渴；白芷祛风湿，活血排脓，生肌止痛；赤芍、浙贝母、乳香、没药能清热凉血，散结，活血祛瘀。全方能清瘟败毒，凉血散结。

【不良反应】按规定剂量使用，暂未见不良反应。

·茵栀解毒颗粒·

【组成】茵陈 360g、栀子 180g、虎杖 200g、黄芩 180g、钩藤 200g。

【性状】本品为棕黄色至棕褐色颗粒；味甜、微苦而涩。

【功能】清热解毒，疏肝解痉。

【主治】雏鸭病毒性肝炎。

【用法与用量】口服，雏鸭0.3～0.6g，连用2～3d。

【方解】方中黄芩苦寒，有清热燥湿、泻火解毒之功效；栀子味苦性寒，具有泻火、清热利湿、凉血解毒之功效，外用可消肿止痛；用于热病湿热黄疸、淋证涩痛、目赤肿痛、火毒疮疡等病症；钩藤微甘性凉，有清热平肝、疏肝解痉、熄风定惊之功效；虎杖味微苦性微寒，具有利湿退黄、清热解毒、散瘀止痛、止咳化痰之功效；茵陈清利湿热，清热解毒，利尿退黄，为治黄疸之要药。全方诸药配伍，具有清热解毒、疏肝解痉的功能。主要用于保肝护肝。

【不良反应】按规定剂量使用，暂未见不良反应。

（三）祛痰剂

凡以祛痰药为主组成，具有消除痰饮作用，主治各种痰病的方剂，统称祛痰剂。祛痰剂适用于各种痰病。属于八法中的“消法”。

·甘 草 颗 粒·

【组成】甘草。

【性状】本品为黄棕色至棕褐色的颗粒；味甜、略苦涩。

【功用】祛痰止咳，抗菌解毒。

【主治】咳嗽。

【用法与用量】口服，鸭0.5～1g。

【方解】甘草具补脾益气，祛痰止咳，和中缓急，缓解药物毒性、烈性之效。

【不良反应】按规定剂量使用，暂未见不良反应。

·定 喘 散·

【组成】桑白皮25g、炒苦杏仁20g、莱菔子30g、葶苈子30g、紫苏子 20g、党参 30g、炒白术 20g、关木通 20g、大黄 30g、郁金 25g、黄芩 25g、栀子 25g。

【性状】本品为黄褐色的粉末；气微香，味甘、苦。

【功用】清肺，止咳，定喘。

【主治】肺热咳嗽，气喘。

【用法与用量】口服，鸭 1～3g。

【方解】桑白皮泻肺平喘，利水消肿；炒苦杏仁化痰止咳；莱菔子降气化痰；葶苈子、紫苏子消痰平喘；党参、白术健脾益肺；关木通利尿；大黄、郁金、黄芩、栀子清热利湿。全方合用发挥清肺热、平喘和利水的功效。

【不良反应】按规定剂量使用，暂未见不良反应。

·清肺止咳散·

【组成】桑白皮 30g、金银花 60g、橘红 30g、知母 25g、连翘 30g、黄芩 45g、苦杏仁 25g、桔梗 25g、前胡 30g、甘草 20g。

【性状】本品为黄褐色粉末；气微香，味苦、甘。

【功用】清泻肺热，化痰止痛。

【主治】肺热咳喘，咽喉肿痛。

【用法与用量】口服，鸭 1～3g。

【方解】桑白皮泻肺平喘，利水消肿；橘红理气宽中，燥湿化痰；金银花、连翘、黄芩、知母清热解毒，清热除烦，泻肺滋肾；苦杏仁、桔梗、前胡能止咳平喘，降气消痰，宣散风热；甘草调和诸药。全方共奏清泻肺热，化痰止痛之功。

【不良反应】按规定剂量使用，暂未见不良反应。

·桔梗栀黄散·

【组成】桔梗 60g、山豆根 30g、栀子 40g、苦参 30g、黄芩 40g。

【性状】本品为灰棕色至黄棕色的粉末；气微，味苦。

【功能】清肺止咳，消肿利咽。

【主治】肺热咳喘，咽喉肿痛。

【用法与用量】口服，鸭 2～3g。

【方解】桔梗、苦参止咳祛痰；山豆根、栀子、黄芩清热解毒、消肿利咽。全方共奏清除肺热、消肿利咽之功。

（四）消食剂

凡以消食药为主组成，具有消食健脾或化积导滞作用，治疗食积停滞的方剂，统称消食剂。属于“八法”中的“消法”。

【不良反应】按规定剂量使用，暂未见不良反应。

·大　黄　末·

【组成】大黄。

【性状】本品为黄棕色的粉末；气清香，味苦、微涩。

【功用】健胃消食，泻热通肠，凉血解毒，破积行瘀。

【主治】食欲不振，实热便结，结症，疮黄疔毒，目赤肿痛，烧伤烫伤，跌打损伤。

【用法与用量】口服，鸭 1～3g。用于健胃时酌减。外用适量，调敷患处。

【方解】大黄健胃，有泻湿热、驱蛲虫之效。

【不良反应】按规定剂量使用，暂未见不良反应。

·保　健　锭·

【组成】樟脑 30g、薄荷脑 5g、大黄 15g、陈皮 8g、龙胆 15g、甘草 7g。

【性状】本品为黄褐色扁圆形的块体；有特殊芳香气，味辛、苦。

【功用】健脾开胃，通窍醒神。

【主治】消化不良，食欲不振。

【用法与用量】口服，鸭 0.5～2g。

【方解】樟脑、薄荷脑通窍辟秽；大黄、陈皮、龙胆能清热除湿、泻胃火，理气健脾胃；甘草调和诸药。全方健脾开胃，醒脑提神。

【不良反应】按规定剂量使用，暂未见不良反应。

（五）温里剂

凡用温热药组成，具有温里助阳、散寒通脉等作用，祛除脏腑经络间寒邪，治疗里寒症的方剂，统称温里剂。属于“八法”中的“温法”。

·四 逆 汤·

【组成】淡附片 300g、干姜 200g、炙甘草 300g。

【性状】本品为棕黄色的液体；气香，味甜、辛。

【功用】温中祛寒，回阳救逆。

【主治】四肢厥冷，脉微欲绝，亡阳虚脱。

【用法与用量】口服，鸭，每 1kg 体重 0.5～1mL。

【方解】淡附片大辛大热、温发阳气、祛散寒邪，为主药；辅以干姜温中散寒，协助附片回阳之力；佐以炙甘草温养阳气，并能缓和干姜、附片之过于燥烈，共成回阳救逆的方剂。

【不良反应】按规定剂量使用，暂未见不良反应。

（六）理血剂

凡以理血药组成为主，具有活血祛瘀或止血作用，主治瘀血或出血病症的方剂，统称理血剂。属于“八法”中的“消法”。

·消肿解毒散·

【组成】 制大黄 100g、醋三棱 150g、金钱草 300g、泽兰 120g、丹参 120g、硼砂 250g、虎杖 120g。

【性状】 本品为淡棕黄色的粉末；气微香，味微苦。

【功能】 化瘀，利湿，解毒。

【主治】 肝肾肿大。

【用法与用量】 混饲，每 1kg 饲料，鸭 3g，连用 10d。

【方解】 制大黄、醋三棱泻下攻积，泻火解毒，清热凉血，祛瘀通经；金钱草、泽兰利水渗湿；丹参活血化瘀；硼砂清热消痰，解毒防腐；虎杖祛风利湿，散瘀定痛，止咳化痰。全方共奏活血化瘀，利湿解毒之功。

【不良反应】 按规定剂量使用，暂未见不良反应。

（七）驱虫剂

凡以驱虫药物组成为主，具有驱杀体内寄生虫的作用，主治体内寄生虫病的方剂，统称驱虫剂。属于“八法”中的“消法”。

·驱球止痢合剂·

【组成】 常山 480g、白头翁 400g、仙鹤草 400g、马齿苋 400g、地锦草 320g，制成 1 000mL。

【性状】 本品为深棕色的黏稠液体；味甜、微苦。

【功能】 清热凉血，杀虫止痢。

【主治】 球虫病。

【用法与用量】 混饮，每 1L 水，鸭 4～5mL。

【方解】 常山杀虫截疟；白头翁、地锦草、仙鹤草、马齿苋清热解毒，凉血止血。全方能清热凉血、杀虫止痢。

【不良反应】按规定剂量使用，暂未见不良反应。

·驱球止痢散·

【组成】常山 960g、白头翁 800g、仙鹤草 800g、马齿苋 25.6g、地锦草 640g。

【性状】本品为灰棕色至深棕色的粉末；气微香。

【功能】清热凉血，杀虫止痢。

【主治】球虫病。

【用法与用量】混饲，每 1kg 饲料，鸭 2～2.5g。

【方解】常山杀虫截疟；白头翁、仙鹤草、马齿苋、地锦草清热解毒，凉血止血。全方能清热凉血、杀虫止痢。

【不良反应】按规定剂量使用，暂未见不良反应。

·常青球虫散·

【组成】常山 700g、白头翁 700g、仙鹤草 100g、苦参 700g、马齿苋 400g、地锦草 100g、青蒿 350g、墨旱莲 350g。

【性状】本品为灰棕色至深棕色的粉末；气微香。

【功能】清热解毒，凉血止痢。

【主治】球虫病。

【用法与用量】混饲，每 1kg 饲料，鸭 1～2g，连用 7d。

【方解】青蒿、常山杀虫截疟；白头翁、仙鹤草、马齿苋、地锦草清热解毒，凉血止血。苦参清热燥湿，杀虫，利尿；墨旱莲止血凉血，收敛止痒，补益肝肾。全方能清热凉血解毒、杀虫止痢。

【不良反应】按规定剂量使用，暂未见不良反应。

第六节　微生态制剂

微生态制剂是从自然界或动物体内分离得到的有益菌，经培养、发酵、加工等工艺制成的包含菌体或其代谢产物的活菌制剂。动物微生态制剂又称微生态饲料添加剂，是根据微生态学理论研制的含有对动物有益的微生物及其代谢产物的活菌制剂（益生素）和寡糖类制剂（益生元）。微生态制剂通过利用微生物之间的相互颉颃、共生和互生的关系，以及这些微生物所具有的产酸、降解蛋白质、分解糖和脂肪、降解 NH_3 和 H_2S 等功能而发挥其抑制病原微生物，分解饲料中蛋白质为多肽或氨基酸，降解水中残留的氨氮和亚硝酸盐等。它是一种天然的生物活性制剂，无毒副作用、无耐药性、无药物残留，通过促进动物肠道内有益微生物的生长，抑制有害微生物的生长繁殖，来调整维持胃肠道内的微生态平衡，达到预防疾病和促进生长的目的。同时，这些微生物还可产生促生长因子、多种消化酶和维生素，进而促进营养物质的消化、吸收及动物的生长繁殖。此外，这些微生物还能产生免疫调节因子和干扰素等免疫活性物质，刺激肠道局部免疫器官的生长发育，增强机体免疫力，从而防止疾病发生，是一类绿色环保药物，有望替代抗生素。目前用作微生态饲料添加剂的微生物主要有：乳酸菌、芽孢杆菌、酵母菌、放线菌、光合细菌等几大类。根据微生态制剂使用的菌种类型，主要分为单一菌类和复合微生态制剂；按用途主要分为微生态生长促进剂、微生态治疗剂和微生态多功能制剂；根据微生态制剂的物质组成，可分为益生素、益生元及合生元。鸭场使用微生态制剂后，可以提高鸭的生产性能、饲料转化率，改善鸭舍环境，减少环境污染，提高免疫力，降低死亡率。由于微生态制剂是活菌制剂，因此，不能与抗菌药物和抗菌药物添加剂同时使用。

·枯草芽孢杆菌活菌制剂（TY7210 株）·

本品为土黄色至黄褐色乳状液，久置后，有少量沉淀物。

【作用与用途】用于预防和治疗鸭细菌性腹泻和促进生长。

【用法与用量】灌服或与少量饲料混合饲喂。

预防用量：鸭，每只每次 0.5mL，每日 1 次，共服用 1～3 次。

治疗用量：鸭，每只每次 0.5mL，每日 1 次，共服用 3 次。

【注意事项】（1）本品严禁注射。

（2）本品不得与抗菌药物和抗菌药物添加剂同时使用。

（3）打开内包装后，限当日用完。

（4）鸭出壳后立即服用，效果更佳。

·脆弱拟杆菌、粪链球菌、蜡样芽孢杆菌复合菌制剂·

本品为白色或黄色干燥粗粉，外观完整光滑、色泽均匀。

【作用与用途】对沙门氏菌及大肠杆菌引起的细菌性下痢均有疗效，并有调整肠道菌群失调，提高机体免疫力，促进生长作用。

【用法与用量】用凉水溶解后饮用，或拌入饲料中口服，也可直接灌服。按饲料重量添加，预防量添加 0.1%～0.2%，治疗量添加 0.2%～0.4%。

【注意事项】（1）严禁与抗菌药物和抗菌药物饲料添加剂同时使用。

（2）现拌料（或溶解）现用，限当日用完。

·蜡样芽孢杆菌、粪链球菌活菌制剂·

本品为灰白色干燥粉末。

【作用与用途】本品为畜禽饲料添加剂，可防治雏鸭下痢，促进生长和增强机体的抗病能力。

【用法与用量】作饲料添加剂，按一定比例拌入饲料，雏鸭料0.1%～0.2%、成年鸭料0.1%。或仔鸭每日每只0.1～0.2g。治疗量加倍。

【注意事项】本品勿与抗菌药物和抗菌药物添加剂同时使用，勿用50℃以上热水溶解。

·蜡样芽孢杆菌活菌制剂（DM423）·

本品粉剂为灰白色或灰褐色干燥粗粉或颗粒状；片剂外观完整光滑，类白色，色泽均匀。

【作用与用途】用于鸭腹泻的预防和治疗，并能促进生长。

【用法与用量】口服。按下述药量与少量饲料混合饲喂，病重可逐头喂服。

治疗用量：雏鸭，每羽每次2.5g，日服1次，连服3d。

预防用量：雏鸭，每羽每次0.5g日服1次，连服5～7d。

【注意事项】本品不得与抗菌药物和抗菌药物添加剂同时使用。

·双歧杆菌、乳酸杆菌、粪链球菌、酵母菌复合活菌制剂·

本品为乳黄色均匀细粉。

【作用与用途】用于预防鸭腹泻。

【用法与用量】将每次用药量拌入少量饲料中饲喂或直接经口喂服，每日2次，连服5～7d。雏鸭，每次每只0.2g；成年鸭，每次每只0.5g。

【注意事项】（1）用药时，应现配现用。

（2）服用本制剂时，应停止使用各类抗菌药物。

（3）饮用时，用煮沸后的凉开水稀释，水温不得超过30℃，不得用含氯自来水稀释，稀释后限当日用完。

（4）幼鸭出生后立即服用，效果更佳。

第七节 疫 苗

一、疫苗的基础知识

疫苗是由完整的微生物（天然或人工改造的）或微生物的分泌成分（毒素）或微生物的部分基因序列，经生物学、生物化学和分子生物学等技术加工制成的，用于疾病预防控制的一种生物制品。疫苗接种动物机体后，刺激机体产生特异性抗体，当体内的抗体效价达到一定水平后，就可以抵抗这种病原微生物的侵袭、感染，起到预防这种疾病的作用，这种方式称为主动免疫。主动免疫分为天然主动免疫和人工主动免疫，其中人工主动免疫在鸭生产实践中对预防群发性传染病起着重要作用。

【疫苗的分类】（1）根据制造疫苗的微生物种类不同，分为细菌疫苗、病毒疫苗、寄生虫疫苗。

（2）根据制造疫苗原材料来源不同，分为组织苗、培养基苗、鸡胚苗和细胞苗等。

（3）按照疫苗制造工艺不同，可分为常规疫苗和现代基因工程疫苗。

（4）按照疫苗是否具有感染活性，主要分为活疫苗和灭活疫苗等。

除此之外，还可以根据佐剂类型、疫苗的物理性状及投放途径不同，划分为不同的种类。

【疫苗的选购和贮藏】（1）选购疫苗时应检查疫苗名称、生产厂家、批准文号、有效期、性状、贮藏条件等是否与说明书相符。对过期、无批号、性状改变、颜色异常、玻璃瓶有裂纹、瓶塞松动或不明来源的疫苗，不应选购。

（2）疫苗的贮藏应根据不同种类疫苗选择不同的贮藏设备，一般情况下弱毒疫苗要求在低于－15℃条件下贮藏（冰柜）；灭活疫苗和耐热弱毒疫苗一般要求在2～8℃条件下贮藏。

（3）疫苗运输时应与储藏条件一致，运送疫苗应采用最快的运输方式，尽量缩短运输时间。

【疫苗的接种】常用接种方法有滴鼻、滴眼、饮水、皮下注射或肌内注射、气雾。此外，还有刺种、黏膜涂擦、羽毛囊涂擦等方法。

（1）滴鼻、点眼　一般滴入幼鸭鼻孔内、眼结膜囊内，滴头与眼或鼻相距1cm。

（2）饮水　接种前应禁止饮水2～4h，饮水器应置于阴凉处，一般限1h内饮完。

（3）皮下注射　皮下注射一般选取颈背部下1/3处，针头从颈部皮下，朝身体方向刺入。

（4）肌内注射　一般选取腿部和胸部肌肉。胸肌注射，将针头呈30°～45°倾斜，于胸1/3处朝背部方向刺入胸肌。腿部肌肉注射，将针头朝身体的方向刺入外侧腿肌。

（5）气雾法　鸭舍要密闭，减少空气流动，免疫时疫苗用量要适当加大，喷头距离鸡头0.5～1m。

（6）刺种法　用刺种针蘸取稀释的疫苗，于翅膀内侧三角无血管处皮下刺种，应垂直刺下，斜着拔出。

（7）黏膜涂擦　将疫苗涂擦在鸭泄殖腔黏膜。

（8）羽毛囊涂擦　先把腿部的羽毛拔去三根，然后用棉球蘸取已稀释好的疫苗，逆羽毛生长的方向涂擦即可。

【影响疫苗免疫效果的因素】主要包括疫苗因素、免疫程序因素、动物自身因素、营养因素、管理与环境因素等方面。

（1）疫苗因素

①疫苗选择不当：如血清型差异，有些病原的血清型较多，免疫接种时无法选用与本地流行毒（菌）株相对应的血清型疫苗。如大肠杆菌有100多个血清型，并且不同血清型之间缺乏交叉免疫作用。因此，用针对少数几种血清型制成的疫苗并不能很好地预防自然界流行的各种不同血清型引起的大肠杆菌病的发生。

②使用非法疫苗：非法疫苗的品质很难保证，一旦使用非法产品，极易造成外源病毒污染或者支原体污染。在接种疫苗的同时人为感染一些病原微生物。

③运输储存不当：疫苗运输、贮存不当，如光照太强，温度过高或过低，超过有效期等都会导致疫苗的效价下降，造成免疫效果不佳甚至失效。

④疫苗使用不当：包括疫苗稀释液使用不当、疫苗稀释浓度不当、疫苗中混入配伍禁忌的药物或其他疫苗、稀释过的活疫苗没有及时用完、免疫接种过程中出现动物漏免等。

⑤疫苗使用剂量不当：剂量过低则效力不足，剂量过大则易引起免疫耐受或不安全。抗原剂量越大，所引起的免疫耐受越强越持久。

此外，毒（菌）株的变异、超强毒（菌）株的出现及感染与本地流行毒（菌）株不同或有别于疫苗株的毒（菌）株，都会导致已有疫苗的免疫效果下降甚至失效。

（2）免疫程序因素　科学免疫程序的制订，应建立在对当地疫病的流行情况、动物群的种类、生产情况等方面的调查研究及免疫抗体或母源抗体监测的基础之上。制订适合本场特点的免疫程序，并非免疫的疫苗种类越多越好，免疫程序不能照抄照搬，要因地制宜。制订免疫程序时要着重考虑以下几个因素。

①母源抗体的影响：免疫接种的种鸭可经卵黄将母源抗体传给下一代，使其得到被动保护，但母源抗体较高时可干扰疫苗的效力，因

此，必须待母源抗体消退到一定的水平之后才能接种疫苗。

②免疫间的相互干扰：将两种或两种以上无交叉反应的抗原同时免疫接种时，机体可能会对其中一种抗原的免疫应答降低，因此，为保证免疫效果，对当地流行的传染病最好单独接种，同时在产生免疫力之前不要接种对该疫苗有抑制作用的疫苗。

③免疫间隔时间的确定：同一类疫苗经过2次或2次以上的免疫后，所产生的抗体维持时间较长，达到的抗体水平较高。重复免疫的时间间隔是根据抗体的维持时间来确定的，一般最短间隔时间不得少于14d。

(3) 动物自身因素

①遗传因素：动物机体对接种抗原的免疫应答在一定的程度上是受遗传控制的，不同品种，甚至相同品种不同个体，对同一疫苗的反应强弱也有差异，如有些品种/个体生来就有先天性免疫缺陷。

②疾病因素：某些疾病，如鸡传染性法氏囊病的病原能损害鸡的某些免疫器官，从而降低机体的免疫应答能力。

(4) 营养因素　维生素、氨基酸及某些微量元素的缺乏或不平衡等都会使机体免疫应答能力降低。如维生素A的缺乏会导致淋巴细胞的萎缩，影响淋巴细胞的分化、增殖，受体表达与活化，导致体内的T淋巴细胞减少，吞噬细胞的吞噬能力下降，B淋巴细胞的抗体产生能力下降，导致机体免疫应答能力降低。

饲料质量：某些预混料厂家不按质量标准配制预混料，或某些原材料供应商供给客户劣质假冒原料，都会影响免疫效果。

(5) 管理与环境因素　舍内温度、湿度、养殖密度、通风、有害气体浓度，以及运输、转栏、换料、用药及免疫接种等处理不当均会对鸭产生应激。环境卫生好，可大大减少动物发病机会，即使抗体水平不高也能得到保护。如果环境中有大量的病原体，即使动物抗体水平较高也存在发病的可能，因此加强管理，搞好环境卫生在疫病防治中同等重要。

此外，生物安全因素也很重要，养殖场门口设消毒池，加强圈舍防护、人员出入的防疫管理、病死鸭的无害化处理等方面对于减少环境中病原微生物的传播起着重要作用。

二、鸭常用疫苗

（1）*禽流感疫苗* 重组禽流感病毒灭活疫苗（H5N1 亚型，Re-6 株）、重组禽流感病毒（H5+H7）二价灭活疫苗（H5N1 亚型 Re-8 株+HTN9 亚型 Re-1 株）、禽流感灭活疫苗（H5N2 亚型，D7 株）、禽流感病毒 H5 亚型灭活疫苗（D7 株+rD8 株）、禽流感病毒 H9 亚型灭活疫苗。

（2）*鸭瘟鸡胚化弱毒活疫苗和鸭瘟灭活疫苗* 主要有鸭瘟病毒鸡胚化弱毒疫苗（CVCC AV1222）株。

（3）*雏鸭肝炎弱毒疫苗* 主要有鸭病毒性肝炎弱毒活疫苗（CH60 株）和鸭病毒性肝炎弱毒活疫苗（A66 株）、鸭病毒性肝炎二价（1 型+3 型）灭活疫苗（YB3 株+GD 株）。

（4）*番鸭细小病毒病活疫苗* 用于预防雏番鸭细小病毒病（番鸭“三周病”），主要有番鸭细小病毒病活疫苗（弱毒 P1 株）。

（5）*番鸭呼肠孤病毒病活疫苗* 用于预防番鸭呼肠孤病毒病，主要有番鸭呼肠孤病毒病活疫苗（CA 株）。

（6）*鸭坦布苏病毒病灭活疫苗和活疫苗* 用于预防鸭坦布苏病毒病，主要有鸭坦布苏病毒病灭活疫苗（HB 株）、主要有鸭坦布苏病毒病活疫苗（WF100 株）。

（7）*禽多杀性巴氏杆菌病活疫苗和灭活疫苗* 用于预防鸭多杀性巴氏杆菌病（即禽霍乱），主要有禽多杀性巴氏杆菌活疫苗（G190E40 株）、禽多杀性巴氏杆菌病活疫苗（B26-T1200 株）、禽多杀性巴氏杆菌病灭活疫苗（1502 株）和禽多杀性巴氏杆菌病灭活疫苗（C48－2株）。

（8）*鸭传染性浆膜炎灭活苗*　用于预防由鸭疫里默氏杆菌引起的雏鸭传染性浆膜炎，主要有鸭传染性浆膜炎二价灭活疫苗（1型RAF63株＋2型RAF34株）和鸭传染性浆膜炎三价灭活疫苗（1型YBRA01株＋2型YBRA02株＋4型YBRA04株）等。

（9）*鸭传染性浆膜炎-鸭大肠杆菌病二联灭活疫苗*　用于预防由血清1型或2型鸭疫里默氏杆菌引起的鸭传染性浆膜炎和O78血清型大肠杆菌引起的鸭大肠杆菌病，主要有鸭传染性浆膜炎-大肠杆菌病二联蜂胶灭活疫苗（WF株＋BZ株）、鸭传染性浆膜炎-大肠杆菌病二联灭活疫苗（2型RABYT06株＋078型ECBYT01株）。

三、疫苗接种注意事项

（1）免疫接种当天，应禁止对禽舍消毒，禁止投服一些抗菌类及抗病毒类药物。

（2）疫苗接种前，应仔细观察鸭群的健康状况。若鸭群总体健康状况差，甚至发生疫情，应暂缓接种疫苗。

（3）使用疫苗时应登记疫苗批号、注射地点、日期和鸭群数量，并保存同批样品两瓶，保存时间不少于免疫后2个月，以便发生不良反应和异常情况时检查原因所用。

（4）严禁用热水、温水及含氯消毒剂的水稀释疫苗，以防破坏疫苗的活性。

（5）注射过程应严格消毒，针头应逐只更换，更不得一支注射器混用多种疫苗，同时，使用后要正确处理，防止散毒。

（6）接种疫苗后，仍要注意养殖环境卫生，避免鸭在尚未完全产生免疫力之前感染强毒，造成免疫失败。

（7）疫苗用量不要过度贪大，否则会造成强烈应激，使免疫应答减弱，影响免疫效果。

鸭常见疾病临床用药

鸭养殖中的疾病防控应重点关注群发疾病，首先应当关注感染性疾病，包括病毒性疾病、细菌性疾病，以及寄生虫病，其次应当关注营养代谢性疾病。目前，鸭病毒性疾病只能依靠疫苗免疫或使用蛋黄抗体进行防控，少部分细菌性疾病可选用疫苗免疫防控，但大部分细菌性疾病、寄生虫病及其他常见疾病则需使用药物防控。养鸭过程必须合理用药，并严格遵守休药期制度。

第一节　鸭病毒性传染病

一、禽流感

禽流感是由A型禽流感病毒引起的鸡、鸭、鹅等禽类的一种传染病。根据血凝素（H）和神经氨酸酶（N）不同，将A型禽流感病毒分为不同亚型：H1～H16和N1～N9，毒株的致病力有很大差异，其中高致病性禽流感、H5和H7亚型禽流感被OIE列为必须通报的传染病，在我国农业农村部将其定位为一类传染病。鸭可以感染多种亚型的禽流感病毒，通常病毒在鸭体内复制、排出，对鸭致病性不强。但流感病毒在传播过程中，其生物学特性正在逐步发生变化。近年来，在全国范围内出现水禽表现出禽流感临床症状，甚至出现大面积死亡的报道。鸭流感正成为威胁我国水禽养殖业的重要疫病。有明显的流行季节性，每年春夏季节雏鸭发病较多，而呈地方性流行，以致使多数鸭群均有急性流行期。主要感染途径是消化道接触传染媒介，特别是被排泄物污染的运输工具及饲料、饲槽、用具等是主要传染媒介。在临床上，鸭主要表现体温升高，精神不振，羽毛松乱，头部水肿，食欲减少，拉黄白色稀粪，流黏性鼻液。急性病例一周内死亡率可达100%。慢性病例主要表现呼吸道症状，鼻孔被黏液堵塞，呼吸困难，常摆头、张口呼吸。病理变化主要是鼻腔黏膜发炎，在鼻腔和眶下窦中充满浆液和黏液，有的喉头气管出血，有干酪样坏死灶。腺胃乳头黏膜出血，肌胃和腺胃交界处、食道和腺胃交界处有两条横向出血带。卵巢充血、出血、坏死，输卵管萎缩，肝脏、肾脏、脾脏有灰白色坏死灶。

【预防】当前接种灭活疫苗是预防本病的主要措施。重组禽流感病毒灭活疫苗（H5N1亚型，Re-6株），接种后14d产生免疫力，加强免疫1次，免疫期达4个月。禽流感灭活疫苗（H5N2亚型，D7株），接种后14d产生免疫力，雏鸭免疫期为2个月，种鸭加强免疫1次，免疫期为5个月。此外，H9亚型禽流感灭活疫苗免疫鸭后可预防H9亚型禽流感。

二、鸭瘟

鸭瘟，又名鸭病毒性肠炎，是由鸭瘟病毒引起的鸭、鹅、雁及其他雁形目禽类的一种急性、接触传染性疱疹病毒感染，是危害养鸭业的重要疾病之一。在自然情况下，鸭、鹅和天鹅等雁形目的水禽一般易被鸭瘟病毒所感染，而其他禽类很少被感染，甚至在与带毒鸭接触的情况下亦不能被感染。不同日龄鸭均可感染该病，但由于性别、年龄的原因发病率以及死亡率不同。野鸭相对家鸭抵抗力较强。在感染鸭瘟病毒的病鸭的排泄物以及分泌物中集中了大量的病毒，使该病易于传播并造成蔓延。故田间放养鸭相比于舍内饲养鸭感染该病的概率较高。鸭瘟病毒一般经消化道感染易感动物，也能够通过泄殖腔、结膜、呼吸道等途径传染。该病表现为体温升高、肿头流泪、两腿麻痹以及排绿色稀便。其病理特征可见血管损伤、消化道出血、炎症和坏死、淋巴器官受损以及实质器官的退行性变化。该病一旦发生，传播迅速，发病率和死亡率高。

【预防免疫】目前我国有鸭瘟鸡胚化弱毒活疫苗和鸭瘟灭活疫苗。鸭瘟鸡胚化弱毒活疫苗接种后3～4d产生免疫力，2月龄以上鸭的免疫期为9个月，对初生鸭也可接种，免疫期为1个月。鸭瘟灭活疫苗皮下或肌内注射，雏鸭免疫期为2个月，成年鸭免疫期为5个月。

三、鸭病毒性肝炎

鸭病毒性肝炎是一种以肝脏肿大、出血为特征的急性、烈性、高致病性的传染病。现有3个血清型，分别是鸭肝炎病毒（DHV）1、2、3型。DHV1、3型，属肠道病毒；DHV2型为星状病毒。该病多发生于5～21日龄鸭，10日龄左右为高发阶段，21日龄以下易感，30日龄左右也偶尔发病，但临床症状相对轻微，此时发病死亡率较低。成年鸭也可感染，但不出现临床症状。鸭病毒性肝炎无明显的季节性，仅水平传播，未发现垂直传播。鸭病毒性肝炎病毒可经呼吸道、消化道进入体内，出现病毒血症，病毒随血液迅速进入脑、肺脏、心脏、肝脏、脾脏、胰腺和肌肉等组织器官。感染DHV的雏鸭只有在出现明显症状之后才开始向外排毒，病毒主要从肝脏经胆管进入肠道，通过粪便排出体外。主要症状表现为突然发病，病程迅速，患鸭行动迟缓，食欲废绝，腹泻，有神经症状，运动失调，头向后仰，呼吸困难，死亡雏鸭出现角弓反张姿势。剖检可见肝脏肿大、质脆、呈土黄色，表面有出血点、出血斑，胆囊肿大，充满胆汁，肾脏充血肿胀。

【预防】 雏鸭注射鸭病毒性肝炎蛋黄抗体可有效预防本病，被动免疫保护期为6d。

此外，活疫苗、灭活疫苗可用于预防本病。鸭病毒性肝炎弱毒活疫苗，注射1周龄以内雏鸭，7d产生良好免疫力，免疫期为1个月（有母源抗体的雏鸭，最佳免疫时间为1日龄）；免疫注射产蛋前成年鸭可为其子代雏鸭提供保护，注射后14d其子代可获得良好被动免疫保护，成年鸭免疫期为6个月。鸭病毒性肝炎二价（1型、3型）灭活疫苗免疫种鸭，免疫期为5个月，后代雏鸭的被动保护期为16d；对免疫种鸭的后代雏鸭进行免疫，保护期为27d，对无母源抗体雏鸭免疫，7d产生免疫，保护期为27d。

四、番鸭细小病毒病

番鸭细小病毒病，俗称番鸭“三周病”，是由细小病毒引起雏番鸭的一种急性传染病。主要侵害1～3周龄的番鸭。该病呈世界范围分布，传播途径多为呼吸道传播及消化道传播，在空气流通不畅或气温低的季节极易发生，死亡率较高，给番鸭养殖业带来巨大的经济损失。该病以呼吸困难（气喘）、腹泻、胰脏坏死、渗出性肠炎等为主要临床症状，发病率和死亡率都很高。剖检可见消化道（尤其是小肠）病变。耐过鸭生长发育迟缓，成为僵鸭，失去其经济价值。

【预防】 当前接种番鸭细小病毒病活疫苗是预防本病的主要措施。接种后7d产生免疫力，免疫期为6个月。

五、番鸭呼肠孤病毒病

番鸭呼肠孤病毒病俗称番鸭“肝白点病”“花肝病”“白点病”和“肝、脾白点病”，是由呼肠孤病毒科正呼肠孤病毒属番鸭呼肠孤病毒引起的番鸭病毒性传染病。该病仅发生于番鸭，发病日龄为7～45日龄，以10～30日龄的雏番鸭为最甚。发病率为30%～90%，病死率为60%～80%。发病未死鸭耐过后成为僵鸭。该病呈世界范围分布，在我国番鸭饲养过程中普遍存在，番鸭常发生其他细菌或病毒继发感染或并发感染，造成巨大的经济损失。以肝、脾表面有多量白点，肾脏肿大、出血、表面有黄色条斑为主要病理变化。

【预防】 接种番鸭呼肠孤病毒病活疫苗，可防制番鸭呼肠孤病毒病。1日龄免疫，免疫后7d产生免疫力，免疫1次即可。

六、鸭坦布苏病毒病

鸭坦布苏病毒病又称“鸭黄病毒病”“鸭出血性卵巢炎”或“鸭产蛋下降-死亡综合征”，是由鸭坦布苏病毒引起并以鸭产蛋下降为特征的一种急性、烈性传染病。本病主要引起蛋鸭产蛋急剧降低，鸭群感染后产蛋率可从高产时的80%～ 85%迅速下降至20%～30%，甚至停产，死亡率5%～30%。除引起蛋鸭发病外，该病毒还可引起种鸭、肉鸭及鹅发病，发病鸭中又以麻鸭感染最多，其次为樱桃谷鸭、番鸭等。鸭坦布苏病毒可经库蚊传播，鸟类特别是家禽为其贮存宿主。从鸭场内死亡麻雀体内检出鸭坦布苏病毒，提示病毒可经鸟类传播。从泄殖腔可分离到病毒，表明该病毒能经粪便排出，污染环境、饲料、饮水、器具、运输工具等而造成传播。病鸭的卵泡膜中鸭坦布苏病毒的检出率高达93%，推测该病毒可能会经卵垂直传播。病死鸭病变主要在卵巢，初期可见部分卵泡充血和出血，中后期可见卵泡严重出血、变性和萎缩，严重时破裂，引发卵黄性腹膜炎，少部分鸭输卵管内出现胶冻样或干酪样物；肝脏轻微肿大，有出血或瘀血，有些鸭肝表面有针尖状白色坏死点，部分鸭脾脏肿大、小肠黏膜出血。

【预防】 鸭坦布苏病毒病灭活疫苗和活疫苗，均可用于预防鸭坦布苏病毒病。鸭坦布苏病毒病灭活疫苗首免后2周加强免疫1次，免疫期为4个月。活疫苗，雏鸭5～7日龄初免，2周后加强免疫1次；产蛋鸭在开产前1～2周免疫一次。

第二节　鸭细菌性传染病

一、鸭大肠杆菌病

鸭大肠杆菌病是致病性大肠杆菌引起的鸭的一种急性败血性传染病。主要危害 2～4 周龄的雏鸭或中鸭。病鸭和带菌禽类是该病的主要传染源。健康鸭常通过消化道黏膜、呼吸道或皮肤伤口感染。病理变化表现为败血症、心包炎、肝周炎、眼炎、脑炎、关节炎、卵黄囊炎、气囊炎、腹膜炎、浆膜炎、输卵管炎、肉芽肿、脐炎。

【预防】我国目前批准生产的疫苗有以下 2 种：

(1) 鸭传染性浆膜炎-大肠杆菌病二联蜂胶灭活疫苗（WF 株＋BZ 株） 颈部皮下注射。3～10 日龄鸭，每只注射 0.3mL。用于预防由血清 1 型鸭疫里默氏杆菌引起的鸭传染性浆膜炎和 O78 血清型大肠杆菌引起的鸭大肠杆菌病，免疫期为 3 个月。

(2) 鸭传染性浆膜炎-大肠杆菌病二联灭活疫苗（2 型 RA BYT06 株＋O78 型 EC BYT01 株） 颈部皮下注射。5～7 日龄鸭，每只注射 0.25mL。用于预防由血清 2 型鸭疫里默氏杆菌引起的鸭传染性浆膜炎和 O78 血清型大肠杆菌引起的鸭大肠杆菌病，免疫期为 3 个月。屠宰前 21d 禁用。

【治疗】给药前最好先分离病原菌进行药敏试验，根据检测结果选用高效药物治疗或调整用药。治疗可用氨基糖苷类药物，如混饮或混饲新霉素，也可用氟喹诺酮类药物（恩诺沙星、达氟沙星）混饮治疗，或肌内注射环丙沙星。并可混饲四环素类（土霉素）进行预防。

二、鸭沙门氏菌病

鸭沙门氏菌病又称鸭副伤寒，是由一种或多种沙门氏菌引起的疾病总称，其中鼠伤寒沙门氏菌是引起鸭副伤寒的主要菌种。3 周龄内的雏鸭易感，6～10 日龄为感染高峰。主要通过消化道、呼吸道黏膜而感染。主要的传染源是患病和病愈带菌并排菌的鸭，也可经过种蛋垂直传播。雏鸭多呈急性或亚急性经过。其主要症状以腹泻、眼结膜炎和消瘦为特征。常猝然倒地而死，故称"猝倒病"，若发生在水域，患鸭死前背向下，脚朝天，故称"翻船病"。

【预防】目前对于鸭沙门氏菌菌病无商品化疫苗可用。

【治疗】给药前最好先分离病原菌进行药敏试验，根据检测结果选用高效药物治疗或调整用药。治疗可用氨基糖苷类药物，如混饮或混饲新霉素，也可用氟喹诺酮类药物（恩诺沙星、达氟沙星）混饮治疗，或肌内注射环丙沙星。或混饲磺胺类药物（复方磺胺间甲氧嘧啶预混剂）。并可混饲四环素类（土霉素）进行预防。

三、鸭巴氏杆菌病

鸭巴氏杆菌病又称鸭霍乱或鸭出血性败血症，是由禽源多杀性巴氏杆菌引起的一种急性、接触性、败血性传染病。主要危害 2 月龄以上鸭。不同动物间通过呼吸道、消化道传染，也可发生内源性传染。以阴雨、潮湿的冬春季和梅雨季多发。急性型呈现出血败血症，迅速死亡；亚急性型可见肺呈多发性肺炎，间有气肿和出血。鼻腔黏膜充血或出血。肝略肿大，表现有针尖状出血点和灰白色坏死点。肠道以小肠前段和大肠黏膜充血和出血最严重；小肠后段和盲肠呈现轻度出血性炎症；慢性型则呈现关节炎及局部化脓性炎症。

【预防】我国目前批准生产的疫苗有以下 4 种：

（1）禽多杀性巴氏杆菌病灭活疫苗（1502 株） 颈部皮下注射。2 月龄以上的鸭，每只 1.0mL。用于预防禽多杀性巴氏杆菌病。免疫期为 9 个月。屠宰前 28d 内禁止使用。

（2）禽多杀性巴氏杆菌病灭活疫苗（C48－2 株） 肌内注射。2

月龄以上的鸭，每只2.0mL。免疫期为3个月。

(3) 禽多杀性巴氏杆菌病活疫苗（B26－T1200株） 1月龄以上鸭皮下或肌内注射。用20%氢氧化铝胶生理盐水进行适当稀释，每只接种0.5mL（含3羽份）。免疫期为4个月。

(4) 禽多杀性巴氏杆菌病活疫苗（G190E40株） 3月龄以上鸭肌内注射。用20%氢氧化铝胶生理盐水稀释，每只接种0.5mL（含3羽份）。免疫期为3.5个月。

【治疗】给药前最好先分离病原菌进行药敏试验，根据检测结果选用高效药物治疗或调整用药。治疗可用氟喹诺酮类药物（恩诺沙星、达氟沙星）混饮治疗，或肌内注射环丙沙星。或混饲磺胺类药物（复方磺胺间甲氧嘧啶预混剂）治疗。

四、鸭浆膜炎

鸭浆膜炎是由鸭疫里默氏杆菌引起的一种接触传染性疾病。主要经呼吸道、皮肤伤口（特别是脚部皮肤）感染而发病。该病主要侵害1～7周龄的小鸭，导致感染鸭出现急性或慢性败血症、纤维素性心包炎、肝周炎、气囊炎、脑膜炎，还可引起结膜炎、关节炎。

【预防】我国目前批准生产的疫苗有以下7种：

(1) 鸭传染性浆膜炎-大肠杆菌病二联蜂胶灭活疫苗（WF株＋BZ株） 颈部皮下注射。3～10日龄鸭，每只注射0.3mL。用于预防由血清1型鸭疫里默氏杆菌引起的鸭传染性浆膜炎和O78血清型大肠杆菌引起的鸭大肠杆菌病，免疫期为3个月。

(2) 鸭传染性浆膜炎-大肠杆菌病二联灭活疫苗（2型RA BYT06株＋O78型EC BYT01株） 颈部皮下注射。5～7日龄鸭，每只注射0.25mL。用于预防由血清2型鸭疫里默氏杆菌引起的鸭传染性浆膜炎和O78血清型大肠杆菌引起的鸭大肠杆菌病，免疫期为3个月。屠宰前21d禁用。

（3）鸭传染性浆膜炎二价灭活疫苗（1 型 RAF63 株＋2 型 RAF34 株） 5～10 日龄鸭，每只注射 0.3mL。用于预防由血清 1 型、2 型鸭疫里默氏杆菌引起的鸭传染性浆膜炎，免疫期为 2 个月。

（4）鸭传染性浆膜炎三价灭活疫苗（1 型 YBRA01 株＋2 型 YBRA02 株＋4 型 YBRA04 株） 3～7 日龄鸭，每只注射 0.5mL。用于预防由血清 1 型、2 型、4 型鸭疫里默氏杆菌引起的鸭传染性浆膜炎，免疫期为 4 个月。

（5）鸭传染性浆膜炎三价灭活疫苗（1 型 ZJ01 株＋2 型 HN01 株＋7 型 YC03 株） 3～7 日龄鸭，每只注射 0.3mL。用于预防由血清 1 型、2 型、4 型鸭疫里默氏杆菌引起的鸭传染性浆膜炎，免疫期为 3 个月。

（6）鸭传染性浆膜炎灭活疫苗 3～7 日龄鸭，每只注射 0.25mL。用于预防由血清 1 型鸭疫里默氏杆菌引起的鸭传染性浆膜炎，免疫期为 3 个月。

（7）鸭传染性浆膜炎二价灭活疫苗（1 型 SG1 株＋2 型 ZZY7 株） 5～10 日龄鸭，每只注射 0.25mL。用于预防由血清 1 型、2 型鸭疫里默氏杆菌引起的鸭传染性浆膜炎，免疫期为 3 个月。

【治疗】给药前最好先分离病原菌进行药敏试验，根据检测结果选用高效药物治疗或调整用药。可采用氟喹诺酮类药物（达氟沙星）进行治疗。

五、鸭链球菌病

鸭链球菌病主要是由兽疫链球菌、粪链球菌所引起的一种以败血症、发绀、下痢为特征的急性或慢性传染病。本病主要引起雏鸭的急性死亡。本病的传播途径主要是通过口腔和空气传播。急性病例体温升高，昏倒或抽搐，发绀，头部有出血，并出现下痢，死亡率较高。

慢性病精神不振，嗜睡冷漠，食欲减少或废绝，羽毛蓬乱无光泽，怕冷，头藏翅下，呼吸困难，冠及肉髯苍白，持续性下痢，体况消瘦，产卵量下降。濒死鸭出现痉挛或角弓反张等症状。病程稍长的出现跛行或站立不稳，蹲伏，消瘦，有时出现下痢、眼炎或痉挛、麻痹等神经症状。剖检以败血症变化为主，皮下及全身浆膜、肌肉水肿出血。心包及腹腔内有浆液性出血性或浆液纤维素性渗出物，心外膜有出血。肺脏发炎并充血出血。脾肿大，充血。肾肿大，充血，尿酸盐沉积。肝肿大、淡黄色，脂肪变性，并见有坏死灶。肠壁肥厚，时而见有出血性肠炎。输卵管发炎。

【预防】我国目前尚无批准生产的鸭链球菌病疫苗。

【治疗】给药前最好先分离病原菌进行药敏试验，根据检测结果选用高效药物治疗或调整用药。鸭链球菌病可通过注射青霉素类药物、磺胺二甲嘧啶治疗，或混饲磺胺嘧啶、复方磺胺间甲氧嘧啶等进行治疗。

六、鸭葡萄球菌病

鸭葡萄球菌病是由金黄色葡萄球菌引起的一种急性或慢性传染病。雏鸭感染发病后，常呈急性败血症经过，发病率高，死亡严重。中鸭感染发病后，经常引起关节炎，病程较长。金黄色葡萄球菌在自然界中分布广泛，经常存在于鸭体表皮肤、羽绒上。本病一年四季均可发生，以雨季、潮湿季节发病较多。鸭一般是因蹼或趾被划破而感染，病菌从鸭皮肤的外伤和损伤的黏膜侵入鸭体，也可以通过直接接触和空气传播，雏鸭脐带感染也是常见的途径。本病可分为脐炎型、皮肤型、关节炎型和内脏型四种。脐炎型：经常发生于7日龄以内的雏鸭。临床特征是体质瘦弱，缩颈合眼，饮食减少，卵黄吸收不良，腹围膨大，脐部发炎膨胀，常因败血症死亡。皮肤型：经常发生于3～10周龄雏鸭，多因皮肤外伤感染，引起局灶坏死性炎症或腹部皮下炎性肿胀，皮肤呈蓝紫色，触诊皮下有液体波动感。关节炎型：经常发生于中鸭和成鸭，趾关节和跗关节肿胀，跛行。内脏型：经常发生于成鸭，表现食欲减退，精神不振，有的腹部下垂，俗称“水裆”。

【预防】我国目前尚无批准生产的鸭葡萄球菌病疫苗。

【治疗】给药前最好先分离病原菌进行药敏试验，根据检测结果选用高效药物治疗或调整用药。鸭葡萄球菌病可通过注射青霉素类药物、氨基糖苷类药物治疗，或选用土霉素混饲治疗。

七、鸭红斑丹毒丝菌病

鸭红斑丹毒丝菌病是由红斑丹毒丝菌感染所致的一种急性败血性传染病。各种日龄的鸭均可能感染，但以 2～3 周龄多发，雏鸭死亡率可达 30%，成年鸭很少发病。鸭红斑丹毒丝菌病的发生无明显的季节性，呈散发。该病的最主要传染源是猪，多数鸭是因为饲喂了被该病原污染的饲料、饮水而感染。鸭与猪等家畜接触，也可以通过黏膜或破损的皮肤而感染。鸭红斑丹毒丝菌病一般没有特殊症状，主要表现为败血症，病鸭停食、下痢，病鸭体温升高到 43.5℃，精神委顿，羽毛松乱，呼吸急促，常于 2～3d 内死亡。病程较长的出现神经症状，成鸭出现两脚麻痹，幼鸭出现结膜炎。

【预防】我国目前尚无批准生产的鸭红斑丹毒丝菌病疫苗。

【治疗】给药前最好先分离病原菌进行药敏试验，根据检测结果选用高效药物治疗或调整用药。红斑丹毒丝菌对万古霉素天然耐药，对 β-内酰胺类药物和氟喹诺酮类药物没有发现耐药。鸭红斑丹毒丝菌病可通过注射青霉素类药物治疗，或选用氟喹诺酮类药物或其他 β-内酰胺类药物治疗。

也可选用中药疗法。

八、鸭衣原体病

鸭衣原体病是由鹦鹉热衣原体引起的一种传染病，可感染人。不同品种的鸭均可感染本病，但以幼鸭最易感。病鸭和携带衣原体的鹦鹉等鸟类是主要的传染源。本病主要通过空气传播，也可通过皮肤伤口侵入及吸血昆虫传播。鸭可垂直传播衣原体，并可通过粪便、泪液和鼻液等进行体外排毒。病鸭步态不稳、震颤，食欲废绝，腹泻，排绿色水样稀粪，鼻孔和眼流出浆液性或脓性分泌物，眼周围有结痂，病鸭消瘦、肌肉萎缩，最后惊厥死亡。

【预防】我国目前尚无批准生产的鸭衣原体病疫苗。

【治疗】给药前最好先分离病原进行药敏试验，根据检测结果选用高效药物治疗或调整用药。对鸭衣原体病可选用四环素类药物混饲治疗。

九、鸭支原体病

鸭支原体病，即鸭传染性窦炎，是由鸭支原体感染引起的危害雏鸭的一种呼吸道传染病，呈急性或慢性经过，特征是眶下窦发炎肿胀，充满浆液黏液或干酪样渗出物。本病主要危害雏鸭，成年鸭也可发生。鸭支原体病仅感染鸭，各种日龄均可发生，5～15 日龄雏鸭易感性最高，30 日龄发病较少。虽然病死率很低，但发病率很高。雏鸭发病率一般 40%～60%，死亡率 1%～2%。严重发病鸭群发病率可达 100%，死亡率可达 10%以上。主要通过被污染的空气经呼吸道传播，也可通过带菌的种蛋垂直传播。一年四季均可发生，以冬春多发。病鸭病程 20～30d，多数自愈。病鸭两侧眶下窦肿胀。病初鸭打喷嚏，从鼻孔中流出浆液性渗出物，以后变成黏液性，在鼻孔周围形成结痂，严重病例，结膜潮红、流泪或脓性分泌物，甚至失明。部分鸭呼吸困难，频频摇头。患病后期，眶下窦积液，一侧或两侧肿胀，按压无痛，一般保持 10～20d 不散。病程较长者，则呈现干酪样变化。

【预防】我国目前尚无批准生产的鸭支原体病疫苗。

【治疗】给药前最好先分离病原进行药敏试验，根据检测结果选用高效药物治疗或调整用药。鸭支原体病可通过恩诺沙星混饮治疗，每 1L 水 25～75mg，一日 2 次，连用 3～5d。

第三节 鸭寄生虫感染防治

一、球虫病

鸭球虫病是由艾美耳科泰泽属（*Tyxzzeria*）、温扬属（*Wenynejja*）、艾美耳属（*Eimeria*）和等孢属（*Isospora*）等多种球虫寄生于鸭肠道和肾脏引起的一种原虫病。临床上以毁灭泰泽球虫（*Tyzzeria perniciosa*）和菲莱氏温扬球虫（*Wenyonella philiplevinei*）对鸭的致病力最强、危害性最大，两种球虫多呈混合感染。本病主要发生于雏鸭，以 10～40 日龄的雏鸭最易感。鸭一年四季都可以发病，其中以 9—10 月份发病率最高。被球虫卵囊污染的饲料、饮水、土壤、用具等都是传染媒介。病鸭通常表现为突然发病，精神沉郁、缩颈嗜睡、扎堆畏寒、经久卧地不起、食欲不良、饮量增大，最典型的表现是排带血粪便。若养殖环境恶化、饲料营养供应失衡、对症控制不及时，则病情迅速恶化，多数继发全身症状。一旦出现神经症状（角弓反张、共济失调、肢体僵直及癫痫等），多预后不良。剖检死亡鸭，最显著的病变见于消化道，可见小肠、盲肠、十二指肠、直肠等消化道上皮黏膜不同程度肿胀、充血或出血，肠管内可见带血粪便；急性猝死病例的心、肝、肺、脾、肾等脏器基本正常或轻度炎性病变，但病程较长者则可见不同程度水肿（炎性渗出物）、充血或出血等。

【预防】我国目前尚无批准生产的鸭球虫病疫苗。

【治疗】磺胺类（复方磺胺间甲氧嘧啶预混剂、磺胺甲噁唑可溶性粉、磺胺对甲氧嘧啶二甲氧苄啶预混剂）、地克珠利等进行拌料给药，同时配合糖水（葡萄糖、白糖、蜂蜜）或复合维生素B可溶性粉随饮，减轻药物负担，有效保护雏鸭消化脏器和免疫脏器（肝、肾）。

二、鸭棘口吸虫病

鸭棘口吸虫病是棘口科的吸虫寄生于鸭肠道中引起的一类吸虫病。本病主要危害幼鸭，发病的日龄为1月龄左右，体重0.25～1kg的幼龄鸭最常见。本病普遍流行于我国放养或散养家鸭，尤其南方各省更为多见，每年9—11月份最易常见，也有部分在春夏之交的4—5月份。病鸭出现食量减少，行走不便、软脚，病重者呆立不走；拉稀，拉出黄白色黏稠恶臭稀粪，肛门周围被粪便污染。生长发育停滞，病鸭体重迅速减轻，贫血、消瘦死亡，病程3～5d。剖检病鸭腹腔，可见盲肠高度肿大，占据半个腹腔，整个盲肠呈花斑状，同时可见出血点或出血斑，恶臭。剖开盲肠，其内容物呈黑褐色，有些内容物表面有一层糠麸样干酪物包围，其他肠段有出血点，肠壁变薄，肠黏膜充血腐烂，肾稍肿大，有的有尿酸盐沉积，肝肿大变脆。

【预防】我国目前尚无批准生产的鸭棘口吸虫病疫苗。

【治疗】阿苯达唑、芬苯达唑等拌料投服，同时在每天的饮水中加入消炎药物（恩诺沙星可溶性粉、硫酸新霉素溶液）治疗，治愈率更高。

三、鸭杯叶吸虫病

鸭杯叶吸虫病是杯叶吸虫科东方杯叶吸虫、普鲁杯叶吸虫和盲肠杯叶吸虫寄生于家鸭小肠和盲肠内引起的一类吸虫病。各日龄均可感染发病。本病发病季节多集中于9月份至第二年的1月份，具有明显的地域性，多见于有山、有水田的农村山区。病鸭精神、食欲不振，饮欲增强，常下痢，粪便呈水样，有时粪中混有脱落的黏膜，死前口流混浊的黄水，有时可见黄水中混有大量虫体。剖检病鸭多数肠腔内充满液体，液体中混有大量的虫体和脱落的肠黏膜，其肠道有明显的卡他性炎症，有时可见小肠黏膜出现条状灰黄色小痂块和溃疡灶，其痂皮易刮落，刮落后可见浅红色溃疡面。鸭盲肠杯叶吸虫引起的鸭盲肠肿大坏死症，则表现为病鸭盲肠明显肿大，盲肠表面有不同程度的点状坏死或斑状坏死，切开盲肠见黄褐色糊状物，有恶臭味，盲肠内壁坏死严重，呈糠麸样，肠黏膜上可见卵圆形的虫体，有时盲肠上形成黄色糠麸样阻塞物。

【预防】我国目前尚无批准生产的鸭杯叶吸虫病疫苗。

【治疗】阿苯达唑等进行拌料饲喂。

四、鸭绦虫病

鸭绦虫病是由膜壳科（Hymenolepididae）矛形剑带绦虫、冠状膜壳绦虫、片形皱褶绦虫等寄生于鸭肠道内所引起的一类绦虫病。各日龄均可感染发病，以低龄雏鸭（20日龄以内）最易感。由于自然界中广泛存在中间宿主剑水蚤和镖水蚤，本病呈世界性分布，多呈地方性流行，感染季节多集中在早春以后。感染早期机体逐渐消瘦、生长发育滞缓，脱水及贫血，排稀薄粪便，粪便中常有消化不全的食糜及酸腐臭味，偶见粪便中带有凝血块及坏死肠黏膜的混合物，有时可见病鸭突然不自主倒向一侧，双足呈划水状，钟摆运动，张口喘息等，中后期继发感染加剧，可见明显呼吸道症状，甚至全身症状，最严重者会出现明显神经症状，如角弓反张、癫痫、肢体僵直、自体酸中毒等高危症状。剖检病鸭主要见小肠段黏膜发生明显的炎性水肿、出血、溃疡及黏膜坏死脱落等，肠管壁质脆易裂；肠管内有时可见米黄色或淡黄色线状成虫，心、脾等内脏器官组织内可见灰白色或黄白色的虫卵结节；最急性、病程较短的病例其他脏器一般无明显变化，病程较长者，则可见上呼吸道（气管、支气管）呈卡他性炎症，肺呈大叶性或小叶性肺炎症状，法氏囊水肿、瘀血、质变，肝、肾、脾等亦有不同程度水肿或散在出血、瘀血、质变等。

【预防】我国目前尚无批准生产的鸭缘虫病疫苗。

【治疗】阿苯达唑、芬苯达唑、氯硝柳胺等进行拌料饲喂。

五、雏鸭鸟蛇线虫病

雏鸭鸟蛇线虫病又称鸭腮丝虫病，是由驼形目龙线科（Dracunculidae）鸟蛇属（*Avioserpens*）台湾鸟蛇线虫和四川鸟蛇线虫寄生虫于鸭颌下、颈、腿等处皮下结缔组织所形成的以瘤样肿块为特征的一种线虫病。主要侵害3～8周龄的雏鸭及青年鸭，而成年鸭不发病。本病主要发生在我国南方放牧鸭群，发病季节3—10月份，7—9月份为高峰期，潜伏期20～40d，感染率为60%～80%，死亡率50%左右。病鸭消瘦，于颌下、颈部、腿部等皮下见有小指头或拇指头大小的瘤状肿胀，此肿胀在初期柔软、波动，有多量血液，随着雌虫的成熟逐渐变硬，肿物呈豆大、鸽蛋大乃至胡桃大，向外突出，压迫腮、咽部及邻近器官，引起呼吸和吞咽困难，声音嘶哑。波及眼部时可导致失明。压迫腿部神经时，引起步行障碍。病鸭常因吃不饱而逐渐消瘦，以致营养不良或窒息而死。剖检病变部位，可见有盘绕成团的虫体，后期虫体逐渐被吸收，病变部呈黄褐色胶样浸润，新旧病变部都混有大量新生血管，患部发红。

【预防】我国目前尚无批准生产的雏鸭鸟蛇线虫病疫苗。

【治疗】盐酸左旋咪唑注射液结节内扇形注射给药，安全有效；也可用高锰酸钾溶液、碘溶液、酒精、食盐水结节内注射杀灭虫体。

第四节　其他疾病

一、鸭曲霉菌病

鸭曲霉菌病是由曲霉菌感染引起的一种常见真菌病，又名鸭霉菌性肺炎。本病多由发霉垫料或者饲料发霉引起。该病雏鸭较为常见，且发病多为群发性和急性经过，急性病例发病后 2～3d 死亡，主要发生于雏鸭，主要特征是呼吸道（尤其是肺和气囊）发生炎症，呼吸困难，气喘，有时发出特殊的“沙哑声”，口鼻流出浆液。病鸭出现腹泻，迅速消瘦死亡。成年鸭患病常见张口呼吸，食欲减退，有时下痢。急性死亡病例可见肺和气囊有数量不等的淡黄色或灰白色霉菌结节，呈针尖或米粒状，有时融合成较大的团块。结节柔软有弹性，内容物呈乳白色或干酪样。有时在肺、气囊、器官或腹腔有肉眼可见的霉菌斑，气囊有黄色纤维素渗出物。具有神经症状病鸭的脑膜和脑实质也有霉菌结节。成年鸭多见气囊有霉菌斑块，多数病例肠道黏膜有卡他性炎症。

【治疗】此病目前还没有特效治疗办法，重在预防。一旦发病，应立即更换发霉饲料或垫料。对病鸭可使用制霉菌素，每只雏鸭每日用 30mg 拌料喂药，每日 2 次，连用 4d。饮水中添加硫酸铜［1∶（2 000～3 000）］也有一定效果，饮水 4～5d；也可以用 0.5%～1%的碘化钾溶液饮水 4～5d；可添加葡萄糖、维生素 C 缓解肝肾损害，同时适当使用抗生素防止继发感染。

二、鸭白色念珠菌病

鸭白色念珠菌病是由白色念珠菌感染引起的鸭上消化道的一种真菌病，其特征是上消化道黏膜出现白色假膜和溃疡。雏鸭多发，成年鸭发病率较低。本病一年四季均有发生，但炎热多雨季节多发。病鸭和带菌鸭是主要传染源，主要经污染饲料和饮水感染。病鸭表现精神沉郁，羽毛蓬乱无光泽，少食或者不食，呆立。吃食困难，食道膨大部肿大松软，有痛感。剖检可见口腔、咽部有灰白色黏液或溃疡，嗉囊黏膜有散在的或密集的乳白色菌落斑块，并与黏膜紧密粘连，剥离后露出红色的溃疡面。

【治疗】此病重在预防。对病鸭可使用制霉菌素，按每 1kg 饲料加制霉菌素 100mg～150mg（每片 50 万 IU），连用 5d。饮水中添加 1∶（2 000～3 000）的硫酸铜也有一定效果，可添加 0.1%维生素 C，连用 7d。

三、鸭磺胺类药物中毒

鸭磺胺类药物中毒是由于鸭群服用磺胺类药物时间过长，或用量过大导致的一系列症状的疾病。该病的发生与药物使用不当密切相关，多群发。急性中毒的病鸭表现为兴奋、拒食、拉稀、痉挛、麻痹、呼吸困难、张口喘气等症状。慢性病例表现为精神沉郁，食欲减少，腹泻，粪便呈酱油色。病鸭出现溶血性贫血，产蛋量减少或产软壳蛋。剖检可见肾脏急性出血，慢性有尿酸盐沉积。

【治疗】一旦发生中毒，应立即停止用药，给予充足的饮水或 1%～3%的小苏打溶液，于每 1kg 日粮中补给维生素 C 0.2g、维生素 K 5mg。同时，还可适当添加多维素或复合维生素 B。

四、鸭喹诺酮类药物中毒

鸭喹诺酮类药物中毒是由于鸭群一次使用单一喹诺酮类药物剂量过大或不同种类的喹诺酮类药物共同使用药物量加大，引起的以神经症状和骨骼发育障碍为主要特征的疾病。不同日龄鸭均可发生。鸭群精神不振，垂头缩颈，眼半闭或全闭，羽毛松乱，无光泽，饮水采食均下降，不愿走动，双腿不能负重，多数鸭出现侧瘫，喙、趾、爪、腿、翅膀、胸部肋骨柔软，可任意弯曲，不易断裂；粪便稀薄，石灰渣样。剖检肌胃、腺胃内容物较少，肠黏膜脱落，肠壁变薄，有轻度出血。肝脏瘀血、肿胀。肾脏肿胀、出血，较多黏性液体。脑组织充血。

【治疗】一旦发生中毒，应立即停止用药，可用3%葡萄糖饮水，日粮中补给适当维生素C，还可适当添加多维素。

五、鸭曲霉毒素中毒

鸭曲霉毒素中毒病是由黄曲霉、念珠菌、寄生曲霉和软毛青霉等多种霉菌产生的多种代谢产物导致的疾病。该病的发生与鸭采食霉变饲料史密切相关，多群发。各种禽类不分日龄均易感，雏鸭更敏感，成年鸭感染多呈隐性慢性经过。雏鸭急性中毒多见于2周龄以内，食欲不振、衰弱，步态不稳，严重跛行。脚蹼泛白，无血色。血色稀变。死亡前，角弓反张。成年鸭急性中毒：症状和雏鸭相似，口渴，腹泻，排白色或绿色粪便。慢性中毒：症状不明显，食欲减少，消瘦，衰弱，贫血，全身弱病质。

【治疗】目前尚无治疗本病的特效药物，重在预防。一旦发现中毒，应立即停喂霉变的饲料，更换新鲜优质饲料或在饲料中添加足够、有效的毒素吸附剂，饮水中添加5%葡萄糖和20mg/L维生素C，每天饮水4～5h。

六、鸭肉毒梭菌中毒

鸭肉毒梭菌毒素中毒是由于鸭食用了含有肉毒梭菌毒素的食物导致的以全身性麻痹、“软颈病”为主要特征的疾病。禽类吃了腐败的鱼、虾、死家禽以及其他死动物等均可发生食物中毒，鸡和鸭最易感，不同日龄鸭均可发生。鸭肉毒梭菌中毒常由毒力最强的C型毒素所致。本病在夏秋季节多发。鸭采食腐败食物后数小时至1～3d后出现症状。病初，病鸭精神沉郁，闭目嗜睡，羽毛松乱，两脚软弱无力，不能站立，活动困难。颈部双翅或两脚神经麻痹，头颈伸直，软弱无力地蹲伏在地面，因此，又叫“软颈病”。剖检病死鸭无特征性病理变化，可见部分鸭食道膨大部仍有腐败的动物性食物，死鸭整个肠道出血，尤其是十二指肠。

【治疗】本病无特效药物，可以用抗肉毒梭菌C型抗毒素治疗，每只鸭腹腔注射2～4mL，有一定的疗效。也可灌服硫酸镁溶液，成年鸭每只用量为2～3g，并喂糖水，雏鸭用量酌减。

七、食盐中毒

鸭食盐中毒是由于鸭误食或误饮含盐量过大的饲料或饮水导致的疾病。不同日龄鸭均可发生。临床表现为食欲减少，口渴严重，争抢喝水，嗉囊内含有大量的液体，腹泻，下痢，呼吸困难，运动失调，最后呼吸衰竭而死亡。剖检消化道黏膜呈卡他性炎症，严重者引起黏膜脱落，肠道充血，出血，黏膜脱落；皮下水肿，呈胶冻样，腹腔积水；肺充血，水肿；脑膜血管有出血现象。

【治疗】本病无特效药物，出现食盐中毒时，立即停用含盐过高的饲料或者饮水，饮用5%的多维葡萄糖水，饮水中加0.5%醋酸钾，让鸭充分饮用。对于中毒较重的鸭应适当控制饮水。

八、一氧化碳中毒

鸭一氧化碳中毒也称煤气中毒，是由于鸭吸入过量的一氧化碳，导致全身组织缺氧的一种中毒病。不同日龄鸭均可发生。雏鸭比较常见。急性中毒时，昏迷，嗜睡，呼吸困难，死前发生痉挛或者抽搐。慢性中毒时，精神不振，食欲降低，生长缓慢，鸭的腹水发生率较高。剖检血管及各个脏器的血液呈鲜红色。

【治疗】出现一氧化碳中毒时，要立即打开门窗，进行通风换气，排出一氧化碳。

九、鸭痛风

鸭痛风是由于机体内蛋白质代谢障碍，尿酸在血液中大量蓄积，在内脏器官或关节腔出现尿酸盐沉积所引起的营养代谢性疾病。在生产实践中，鸭痛风的病例时有发生，以幼龄的肉仔鸭和围养的产蛋鸭最易发生。鸭患痛风之后，食欲低，精神欠佳，排白色石灰渣样粪便。根据尿酸盐沉积部位不同，鸭痛风分为关节型痛风和内脏型痛风，有时可见混合型痛风。关节痛风时，表现为关节肿胀，行走不便。在关节及关节腔内，可见白色的尿酸盐沉积。内脏痛风时，表现为心脏、肝脏、肠系膜、腹膜的表面沉积大量尿酸盐，甚至出现脏器和胸膜粘连。肾脏肿大，由于尿酸盐沉积，出现红白相间的花斑肾。输尿管肿胀，内有大量的尿酸盐沉积，严重时形成尿结石。

【治疗】找出痛风的病因，去除病因是解决本病的根本办法。鸭一旦发病，要适当降低日粮中蛋白质和钙的含量，同时补充维生素A，供给充足的饮水。本病没有特效药物。可选用减少尿酸形成和促进尿酸排泄的药物，如别嘌呤醇，每千克饲料 0.5g，连用 1～2 周。另外，2%的 $NaHCO_3$ 饮水或拌料，连用 3d，每次 2h，也可促进尿酸盐排出。

十、鸭肌胃糜烂症

鸭肌胃糜烂症是由于多种病因引起的鸭肌胃角质膜糜烂、溃疡的一种消化道疾病。鸭发病年龄多在 2 周龄到 2 月龄。该病的发生与日粮中添加过多变质鱼粉或维生素 B_{12} 缺乏密切相关，多群发。病鸭厌食，羽毛松乱，闭眼缩颈，喜蹲伏。消瘦贫血，生长发育停滞。病鸭的喙和腿脚黄色素消失，排稀便或黑褐色软便。剖检可见：腺胃体积增大，胃壁松弛，黏膜溃疡，肌胃萎缩，壁变薄，角质层增生有溃疡灶。病初的主要病变发生在腺胃和肌胃相接处，随后沿着皱襞向肌胃中区和后区发展，角质膜变色，皱襞增厚，外观呈现树皮样。病后期，在皱襞深部出现小出血点，以后出血点增多，糜烂和溃疡逐渐扩大。

【治疗】鸭群一旦发病，应立即更换饲料，在发病鸭群的饮水或饲料中投入0.2%～0.4%的碳酸氢钠，早、晚各1次，连用2d。在饲料中添加0.5g/kg的西咪替丁，可以有效抑制肌胃糜烂症的发生。

十一、鸭啄癖

鸭啄癖是由于多种营养物质缺乏、代谢紊乱等引起的对除饲料外的杂物有异常啄食嗜好的综合征。不同日龄鸭均可发生，育成期和产蛋期鸭最常见。发生啄癖的鸭群部分鸭羽毛不整齐，局部或全身没有羽毛，体表有损伤，剖检可见腺胃与肌胃内有大量羽毛或其他异物。

【治疗】找出鸭啄癖的病因，去除病因是解决本病的根本办法。鸭出现啄癖时，应增加饲料内蛋白质、无机盐和维生素含量，满足鸭的生理需要。对受伤的鸭，进行隔离，并且在患处涂擦碘酒或用高锰酸钾溶液洗涤。

十二、鸭中暑

鸭中暑是指鸭在高温环境下，由于体温调节及生理机能发生紊乱而产生的异常反应，多发生机体休克甚至死亡。此病多见于7—10月份，高温高湿的季节。不同日龄鸭群均可发生。中暑初期，鸭呼吸、心跳加快。随着环境温度持续升高，超过32℃时，鸭出现张口喘气，翅垂展，不停地拍打躯体，如同蒲扇，体温升高，水槽边或者水线旁聚满鸭喝水。如果高温持续，开始出现休克，甚至是死亡。发生的时间和外界一天中的高温时刻是吻合的，大致在12—15时之间比较明显。这段时间内，死亡率是一天内最高的。剖检血液凝固不良，尸体较软。肺脏水肿，淤血。心包膜有淤血，脑及脑血管有淤血或者出血。

【治疗】本病重在预防。一旦发病可以在饮水中添加藿香正气水，或每羽 0.5mL 灌服，电解多维饮水。也可采用物理治疗，找准中暑鸭脚部充血的血管，针刺放血，一般放血后 10min 左右即可恢复正常，或用冷水喷淋鸭群，加快散热。

十三、鸭光过敏症

鸭光过敏症是指鸭食入某些植物或发霉的物质，经过阳光照射一段时间后产生的过敏症。引起该病的原因比较复杂，不同日龄鸭群均可出现，25 日龄左右鸭最易发生。该病的发病时间大致在 5—10 月份，阳光充足的季节。主要表现为鸭的上喙背面、鸭蹼表面在阳光的照射下，将会有橘黄色、粉白色的转变，表皮脱落，出现炎症。有的鸭出现眼睛结膜炎；上喙、脚蹼上出现水疱或溃疡。上喙结痂脱落后，引起上喙严重变薄、变形，影响鸭的采食，最终导致鸭营养不良，体重减轻，体质衰弱，甚至死亡。剖检发现在病鸭的上喙背面、鸭蹼表面的皮下出现弥漫性炎症，患处出现条纹状出血斑及胶冻样浸润；十二指肠卡他性炎症；肝脏有大小不等的坏死点等。

【治疗】鸭群一旦发病，应立即更换饲料，补充足量的维生素 A、维生素 D、维生素 E、维生素 C 与烟酸，并提高饲料的营养水平。

尽量少用喹乙醇类或氟喹诺酮类药物。病鸭的眼睛，可以使用生理盐水清洗。对于有炎症甚至是溃疡的病灶，可以涂擦龙胆紫药水，再涂上碘甘油，促进病灶的痊愈。

十四、鸭阴茎脱垂

公鸭阴茎脱垂，俗称“掉鞭”，是鸭群常见疾病。一般发生于种鸭群体内。病鸭表现为阴茎充血、肿胀，甚至紫红色，不能收回，时间久后会出现溃疡、结痂和干瘪坏死。

【治疗】发病初期的鸭隔离治疗，用0.1%的高锰酸钾冲洗干净，涂上凡士林、红霉素、磺胺软膏，并用手轻轻将阴茎推纳，整复回去。环丙沙星注射液肌内注射，每千克体重5～10mg，一日1次，注射3d。如果发炎部位已经溃疡坏死，可将病鸭淘汰。

兽药残留与食品安全

第一节　兽药残留产生原因与危害

兽药残留是指食品动物在应用兽药后残存在动物产品的任何食用部分（包括动物的细胞、组织或器官，泌乳动物的乳或产蛋家禽的蛋）中与所用药物有关的物质的残留，包括药物原形或/和其代谢产物。食品中兽药残留问题在国内外影响广泛和颇受关注，与公众的健康息息相关，也直接关系到养殖业的经济利益和可持续发展，影响国家的对外经贸往来和国际形象。兽药残留是动物用药后普遍存在的问题，又是一个特殊的问题。

一、兽药残留的来源

兽药残留主要是指化学药物的残留，生物制品一般不存在残留问题。中兽药在我国已经有几千年的应用历史，一般毒性较低，有的可以药食同源；虽然对中兽药一些活性成分的主要作用包括药理毒理作用尚不明晰，但因其有效成分含量较低，所以，中兽药的残留问题一般暂不考虑。

食品动物用药途径一般包括饲料、饮水、口服、喷雾、注射等方式，常常因为用药不规范而导致兽药残留。此外，环境污染或其他途径进入动物体内的药物或其他化学物质也可能导致残留。

二、兽药残留的主要原因

发生兽药残留的原因较多，但主要是因为不规范使用导致的。常见的原因主要是：

（1）不按照兽医师处方、兽药标签和说明书用药　兽药的适应证、给药途径、使用剂量、疗程都有明确规定，也都在标签和说明书载明。但有的养殖场（户）没有执业兽医师服务，或者有执业兽医师但不执行处方药制度，或不在执业兽医师监管下用药，或者不按照兽药标签和说明书用药。

（2）不遵守休药期规定　休药期（Withdrawal Period）是指食品动物最后一次使用兽药后到动物可以屠宰或其产品（蛋、奶）可以供人消费的间隔时间。这是兽药制剂产品的一项重要规定，食品动物在使用兽药后，需要有足够的时间让兽药从动物体内尽量排出，最终动物性产品（肉、蛋、奶）中兽药残留量不会超过法定标准。不遵守休药期，动物组织中的兽药残留极易超标。

（3）使用未批准在该食品动物使用的药物　未经批准的药物，一般都没有明确的用法、用量、疗程和休药期等规定，使用后难以避免残留超标。

（4）饲料中添加药物且不标明　有的饲料中可能已经添加了药物，但却不在标签中标明药物品种和浓度，养殖者在不知情时重复用药，造成残留超标。

（5）非法使用国家禁止使用的物质　如使用违禁物质克仑特罗作为促生长剂，运输动物时使用镇静药物防止动物斗殴等。这些也是造成动物性食品中有害物质残留的原因，属国家严厉打击的范围。

三、兽药残留的危害

兽药残留对人体健康和公共卫生的危害主要有如下几方面：

（1）一般毒性作用　一些兽药或添加剂都有一定的毒性作用，如氨基糖苷类抗生素有较强的肾毒性和耳毒性等。人若长期摄入含有该类药物残留的动物性食品，随着药物在体内的蓄积，可能产生急性或（和）慢性毒性作用。

（2）特殊毒性作用　一般指致畸作用、致突变作用、致癌作用和生殖毒性作用等。一些撤销的兽药如硝基咪唑类、喹乙醇、卡巴氧、砷制剂等有致癌作用，苯并咪唑类、氯羟吡啶等有致畸和致突变作用。特殊毒性作用对人体健康危害极大。

（3）过敏反应　如青霉素等在牛奶中的残留可引起人体过敏反应，严重者可出现过敏性休克并危及生命。

（4）激素样作用　使用雌激素、同化激素等作为动物的促生长剂，其残留物除有致癌作用外，还对人体产生其他有害作用，超量残留可能干扰人的内分泌功能，破坏人体正常激素平衡，甚至致畸，引起儿童性早熟等。

（5）对人胃肠道菌群的影响　含有抗菌药物残留的动物性食品可能对人胃肠道的正常菌群产生不良的影响，致使平衡被破坏，病原菌大量繁殖，损害人体健康。另外，胃肠道菌群在残留抗菌药的选择压力下可能产生耐药性，使胃肠道成为细菌耐药基因的重要贮藏库。

第二节　兽药残留的控制与避免

兽药残留是现代养殖业中普遍存在的问题，但是残留的发生并非不可控制与避免。实际上，只要在养殖生产中严格按照标签或说明书规定的用法与用量使用，不随意加大剂量，不随意延长用药时间，不使用未批准的药物等，兽药残留的超标是可以避免的。然而，就目前我国养殖条件下，把兽药残留降低到最低限度还需要下很大力气。保证动物性产品的食品安全是一项长期而艰巨的任务，关系到各方面的工作。

一、规范兽药使用

在养殖生产中规范使用兽药方面，严格遵守相关规范。

（1）严格禁用违禁物质　为了保证动物性食品的安全，我国兽医行政管理部门制定发布了《食品动物禁用的兽药及其他化合物单》，兽医师和食品动物饲养场均应严格执行这些规定。出口企业还应当熟知进口国对食品动物禁用药物的规定，并遵照执行。

（2）严格执行处方药管理制度　所谓兽用处方药，是指凭兽医师开写的处方方可购买和使用的兽药。处方药管理的一个最基本的原则就是兽药要凭兽医的处方方可购买和使用。因此，未经兽医开具处方，任何人不得销售、购买和使用处方药。通过兽医开具处方后购买和使用兽药，可防止滥用兽药尤其抗菌药，避免或减少动物产品中发生兽药残留等问题。

（3）严格依病用药　就是要在动物发生疾病并诊断准确的前提下才使用药物。与过去相比，我国养殖业在养殖规模、养殖条件、管理水平、人员素质方面都有很大的进步。但是规模小、条件差、管理落后的小型养殖场（户）仍然占较大的比例。这些养殖场依靠使用药物来维持动物的健康，存在过度用药，滥用药物问题，发生兽药残留的风险极大，也带来较大的药物费用，应当摒弃这种思维和做法。

（4）严格用药记录制度　要避免兽药残留必须从源头抓起，严格执行兽药使用记录制度。兽医及养殖人员必须对使用的兽药品种、剂型、剂量、给药途径、疗程或给药时间等进行登记，以备检查与溯源。

二、兽药残留避免

兽药残留是动物用药后普遍存在的问题，要想避免动物性产品中发生兽药残留，需要做好以下工作。

(1) *加强对饲料加药的管控* 现代养殖业的动物养殖数量都比较大，因此用药途径多为群体给药，饲料和饮水给药是最为方便、简捷、实用、有效的方法。然而，通过饲料添加方式给药的兽药品种需要经过政府主管部门的审批，饲料厂和养殖场都不得私自在饲料中添加未经批准的兽药。另外，某些饲料生产厂生产的商品饲料中不标明添加的药物，可能导致养殖场的重复用药，从而带来兽药残留超标的风险。

(2) *加强对非法添加物的检测* 目前，兽药行业仍然存在良莠不齐、同质化严重的现象，兽药产品在销售竞争中仍然以价格低而取胜，因此兽药产品中处方外添加药物的现象仍然较为多见。此外，一些兽药企业非法生产未经批准的复方产品也属于非法添加产品。这些产品因为没有经过临床疗效、残留消除试验获得正式批准，所以其休药期是不确定的，增加了发生残留的风险。

(3) *严格执行休药期规定* 兽药残留产生的主要原因是没有遵守休药期规定，因此严格执行休药期规定是减少兽药残留发生的关键措施。药物的休药期受剂型、剂量和给药途径的影响。此外，联合用药由于药动学的相互作用会影响药物在体内的消除时间，兽医师和其他用药者对此要有足够的认识，必要时要适当延长休药期，以保证动物性食品的安全。

(4) *杜绝不合理用药* 不合理用药的情形包括不按标签或说明书的规定用药以及盲目超剂量、超疗程用药等，其极易导致兽药残留超标的发生。因为动物代谢药物的能力有限，加大剂量可能会延长药物在动物体内的消除时间，出现残留超标。

三、实施残留监控

为保障动物性食品安全，农业部1999年启动动物及动物性产品兽药残留监控计划，自2004年起建立了残留超标样品追溯制度，建立了4个国家兽药残留基准实验室。至今，我国残留监控计划逐步完善，检测能力和检测水平不断提高，残留监控工作取得长足进步。实践证明，全面实施残留监控计划是提高我国动物性食品质量、保证消费者安全的重要手段和有效措施。

做好我国兽药残留监控工作，一是要强化兽药使用监管，严格执行处方药制度，执业兽医师要正确使用兽药。二是要加强兽药残留检测实验室的能力建设，完善实验室质量保证体系。三是要以风险分析结果为依据，准确掌握兽药使用动态和残留趋势，确定合理的抽检范围和数量，科学制定残留监控年度计划。四是要系统开展残留标准制定和修订工作，为残留监控提供有力的技术支撑。

政府发布的动物性产品中允许的最高残留限量标准是一个法定的标准，其限量是不允许超过的。科学上来讲，这个最高残留限量标准是经过对兽药测定未观察到副作用的剂量（No Observed Effect Level，NOEL），依此评价推断出每日允许摄入量（Acceptable Daily Intake，ADI），再根据每人每日消费的食物系数，计算出动物性产品中最高残留限量（Maximum Residue Limits，MRL）。每日允许摄入量是指人一生每天都摄入后也不产生任何危害的量，是科学评判兽药残留是否危害健康的量。

抗菌药物耐药性控制

自青霉素被发现以来，抗菌药物已经成为减少人和动物感染性疾病发病率和死亡率不可缺少的药物。抗菌药物引入兽医后，显著地提高了动物的健康和生产力。但是，随着细菌耐药性在许多病原菌的出现、传播和持久存在，抗菌药物的疗效降低，这已成为一个普遍的医学难题，严重威胁到医学临床和兽医临床对感染性疾病的治疗。细菌对抗菌药物耐药性的出现并不意外，青霉素发明者 Alexander Fleming 在 1945 年获诺贝尔奖的演讲中就警告人们不要滥用青霉素。

目前应用于医学和兽医临床的所有抗生素的耐药机制都有报道。由耐药菌导致的感染会比敏感菌导致的感染更加频繁地引起高发病率和高死亡率。耐药菌的存在导致治疗时间延长、治疗费用增加，特殊情况下会导致感染无法治愈。尽管在过去不断有新型或者老药的改进型药物被研发出来，但耐药机制的系统出现增加了新药的研发难度，增加了研发费用和时间。因此，做好对现有抗菌药物的可持续管理以及新抗菌药物的研发，对保护人类和动物抵御传染性病原微生物感染非常重要。

第一节　细菌耐药性产生原因及危害

一、耐药机制与耐药类型

已经发现和确定的耐药机制，主要分为四类：①通过减少药物渗透到细菌内而阻止抗菌药物到达作用靶点；②药物被特异或普通的外排泵驱出细胞外；③药物在细胞外或进入细胞后，被降解或者通过修饰作用改变药物结构，使其失去活性；④抗菌药物的作用位点被改变或者被其他小分子所保护，从而阻止抗菌药物与作用靶点的结合，抗菌药物因此不能发挥作用，或者抗菌药物的作用位点被微生物以其他方式捕获和激活。

细菌对抗生素的耐药性主要有三个基本类型：分别是敏感型、固有耐药型和获得性耐药型。

固有耐药型是与生俱来的对抗菌药物的耐药性，一个特定细菌组（如属、种、亚种）内的所有细菌都是天然耐药，主要是因为细菌固有的结构或者生化特征而产生的耐药作用。如革兰氏阴性菌对大环内酯类药物具有固有耐药性，因为大环内酯类药物太大，不能到达细胞质内的作用位点。厌氧菌对氨基糖苷类具有固有耐药性，因为在厌氧环境下氨基糖苷类不能渗透到细胞内。革兰氏阳性菌的细胞质膜中缺乏胆胺磷脂，从而对多黏菌素类药物具有固有耐药性。

获得性耐药型可以显示从只针对某一种药物、同一类药物中的几种、同类药物的全部，到针对多种不同类别药物的耐药。通常一个耐药决定簇只编码对一类药物（如氨基糖苷类、β-内酰胺类、氟喹诺酮类药物）中的一种或者几种药物的耐药性或者编码几类相关药物（如大环内酯类-林可胺类-链阳菌素类药物）的耐药性。但是也有一些耐药决定簇编码对多类药物的耐药性。

二、耐药性的获得

细菌对抗生素产生耐药性主要有以下三种方式：与生理过程和细胞结构相关的基因发生突变、外源耐药基因的获得以及这两种方式的共同作用。通常情况下，细菌以低频率持续发生内在突变，由此导致偶然的耐药性突变。但是当微生物受到压力（如病原微生物受到宿主免疫防御和抗菌药物的胁迫）时，细菌群体突变的频率就会增大。

细菌可以通过三种不同方式获得外源DNA。①转化作用：天然的感受态细胞摄取外界环境中的游离的DNA片段；②转导作用：通过噬菌体将遗传物质从一个细菌转移到另一个细菌中；③接合作用：像交配一样通过质粒实现细菌间遗传物质的转移。

能够在细胞内或细胞间的基因组内转移的遗传元件，可以分为四类：①质粒；②转座子；③噬菌体；④可自我剪接的小分子寄生虫。

三、耐药性的传播和稳定性

耐药性的流行和传播是自然选择的结果。在大量细菌中，只有具有抵抗有毒物质特性的少量细菌才能存活；而那些不含有这一优势特征的敏感菌株则会被淘汰，留下来的都是耐药性群体。在一个特定环境中，随着抗菌药物的长期使用，细菌的生态平衡会发生剧烈的变化，不太敏感的菌株会成为主体。当上述情况发生的时候，在多种宿主体内，耐药性共生菌和条件致病菌会快速替代原有敏感菌群定植成为优势菌群。当新的抗菌药物上市或对现有抗菌药物使用实施限制时，细菌的耐药性发生频率就会出现改变。

当细菌暴露于一种抗生素时，会共同选择产生对其他不相关的药物也产生耐药性。在细菌对抗生素产生耐药性的过程中可能还会存在非抗生素的选择压力。越来越多的证据表明，消毒剂和杀虫剂也可以促进细菌耐药性的产生。以上不仅可以导致细菌对多种抗生素的耐药决定簇的聚集，还可能形成对重金属及消毒剂等非抗生素物质的抗性基因丛，甚至还会产生毒力基因。

当细菌不需要携带的抗生素耐药基因时，对其而言就是一种负担，因此，当细菌菌群不面对抗生素选择压力时，无耐药基因的敏感菌会成为优势菌群，那么整个菌群就会慢慢地逆转回到一个对抗生素敏感的状态。

四、耐药性对公共卫生的影响

20 世纪 60 年代英国发布的报告中就提出，在兽医临床和食用动物生产过程中使用抗生素是造成食源性致病菌耐药性的重要原因。在农业生产中，抗生素的使用可能会帮助筛选耐药菌株，这些耐药菌株可能通过直接接触或摄入被耐药菌污染的食物和水传播给人。关于耐药菌在动物和处于风险之中的人（农民、屠宰工人和兽医）之间传播的例子有许多。除了养殖场的动物，还有人与其密切接触的宠物，也会成为耐药菌及耐药基因传播的重要来源。因为人们认为动物性食品是具有耐药性的人肠道外致病性大肠杆菌的储库，导致人发生疾病甚至难以治愈的风险。因此，动物性食品生产中使用抗菌药物，特别是作促生长使用受到极大关注。

随着抗菌药物在动物中使用及人畜共患病病原菌耐药性的增强，抗菌药物耐药性问题已经成为一个全球性公共卫生和动物卫生焦点。因为耐药性的发生、传播和持续存在，且细菌中普遍存在耐药性，让人觉得抗菌药物的益处将会消失，人们怀疑在未来几年里临床是否还有可以使用的抗菌药物。耐药性的产生是一个不可避免的生物学现象，我们面对的挑战是如何阻止耐药性的进一步发展和持续存在，并防止它成为现代医学发展的障碍。

在动物上使用抗生素会对人类病原菌耐药性产生负面影响，是有确切的数据的。因为动物性食品受到沙门氏菌、弯曲杆菌的污染导致人们消费这些产品时发生腹泻的例子常有发生，甚至有细菌的耐药菌株感染病例发生。因此，需要加强在动物上使用抗生素对人类致病菌产生耐药性的风险管控，并制订相应的预防措施。

第二节 遏制抗菌药物耐药性

一、抗菌药物耐药性监测

为了遏制细菌耐药性的进一步发展与蔓延，世界卫生组织（WHO）、联合国粮农组织（FAO）和世界动物卫生组织（OIE）都要求成员开展耐药性监测，涉及三个领域：人医临床耐药性监测、食品动物细菌耐药性监测和食源性细菌耐药性监测。涵盖了从动物、动物产品到人的食品链过程。动物源细菌耐药性监测主要针对公共卫生菌包括大肠杆菌、肠球菌、金黄色葡萄球菌、沙门氏菌和弯曲杆菌开展，也可以针对动物病原菌开展。其中大肠杆菌和肠球菌为指示菌，分别代表 G^- 菌指示菌和 G^+ 菌指示菌。金黄色葡萄球菌、沙门氏菌和弯曲杆菌则为食源性公共卫生菌。通常在养殖场（生产环节）动物肛拭子获得大肠杆菌、肠球菌以及在屠宰厂采集动物胴体、盲肠分离沙门氏菌和弯曲杆菌，经过加有标准菌株作为对照的药物敏感性测试系统，获得动物性食品生产、屠宰加工环节的动物源细菌的耐药性变化情况。

目前，耐药性判定标准有欧盟抗菌药物敏感性检测委员会（EUCAST）制订的流行病学折点（Ecoff）和美国临床化验所（CLSI）制订的临床折点。细菌获得耐药性，常使最小抑菌浓度（Minimum inhibitory concentration，MIC）值发生改变，但它并不能导致临床相关的耐药性水平。作为耐药性监测，反映的是药物与细菌之间的关系，采用流行病学折点作为判定标准更加科学。作为用药指导，则应采用临床折点。由于细菌获得性耐药机制的存在，导致对抗菌药物的敏感性和临床疗效降低。因此，应确定感染动物的每种细菌针对每一个抗菌药物的流行病学临界值、PK/PD临界值和临床折点。

二、抗菌药物使用监测

当细菌暴露于抗菌药物时，因为面临抗菌药物的压力就会选择产生耐药性。那么，人们自然而然地就会认为如果不使用抗菌药物，也就自然地不会发生耐药性！道理是这样的。但是养殖实际中完全不使用抗菌药物是不现实的，也是不可能的，关键是合理使用抗菌药物。只在动物发生感染性疾病时才使用抗菌药物，尽可能地减少抗菌药物的使用量，或者以其他办法替代，如加强生物安全、疫苗免疫、卫生消毒等基本措施。

近年来，许多国家都制定了抗菌药物谨慎使用的指导原则。总结起来，关于抗菌药物的谨慎负责任使用，也可以用以下5R原则予以概括。

负责任（Responsibility）：处方兽医要承担决定使用抗菌药物的责任，并且要充分认识到这种使用可能会产生超出预期的不良后果。处方兽医要知道这种使用所带来的利益，以及推荐的风险管理措施，以减少发生任何即时或长期不利影响的可能性。

减少（Reduction）：任何可能情况下都应实施减少抗菌药物使用的措施，包括加强感染控制、生物安全、免疫接种、动物个体的精准治疗或减少治疗持续时间。

优化（Refinement）：每次使用抗菌药物都应考虑给药方案的设计，利用所有关于病畜、病原菌、流行病学、抗菌药物（特别是动物特异性药代动力学和药效动力学特性）的信息，确保选用的抗菌药物产生耐药性的可能性最小化。负责任地使用就是正确选用药物、正确的给药时间、正确的给药剂量和正确的给药持续时间。

替代（Replacement）：任何时候有证据支持替代物安全有效，处方兽医经过评价权衡利弊后认为，替代物比抗菌药物有优势，就应该使用替代物。

评估（Review）：对抗菌药物管理的举措必须定期予以评估，并持续改进，以保证抗菌药物的使用规范适用并反映目前的最佳选择。

许多国家特别是欧盟国家，根据动物产品的产量，规定每生产1t肉使用抗菌药物50g，甚至北欧国家已经达到20g。我国关于抗菌药物的实际使用情况不甚明了。根据对兽药企业的生产调查情况来看，抗菌药物使用总量和每吨肉使用量均居世界首位。需要尽快建立抗菌药物使用的监测网络和体系。

使用监测数据一般包括两个方面：抗菌药物使用总量和各种类药物的使用量。抗菌药物使用总量可以了解每生产1t肉使用的抗菌药物量。按抗菌药物类别进行划分归属，统计每个药物的使用量，可以帮助了解与耐药性发生之间的关系。通常统计养殖场年度采购后库房中抗菌药物制剂的进货（或出货）总量，根据制剂的含量（抗生素以效价单位标示时需要转换成重量含量）和规格计算出药物成分的总量，从而可以获得抗菌药物使用总量。再以年度动物生产量为基数，统计出每1t肉使用抗菌药物的量。

三、抗菌药物耐药性风险评估

兽药风险评估是一个现代意义上对上市前后兽药进行的评价、再评价工作。它是系统地采用科学技术及信息，在特定条件下，对动植物和人或环境暴露于新兽药后产生或将产生不良效应的可能性和严重性的科学评价。风险评估一般有定性评估和定量评估之分。包括四个步骤：危害识别、危害特征描述、暴露评估、风险特征描述。抗菌药物耐药性风险评估属于上市之后兽药的再评价工作。

过去几十年里，使用低浓度的抗菌药物可以有效地提高饲料转化率、促进动物增重，而且还减少了食品动物在运输过程中的应激反应。大多数用于动物的抗菌药物在人类医学上都有相应的类似物，且可能会进一步导致人医抗生素选择耐药性。欧盟于 20 世纪 90 年代取消了抗菌药物作为动物促生长剂使用，但并未开展风险评估。欧盟于 1999 年开展了氟喹诺酮类药物对伤寒沙门氏菌的定性风险评估。美国首先于 2004 年开展了动物使用链阳菌素类药物（维吉尼亚霉素）在屎肠球菌耐药性的定量风险评估。依据风险评估于 2007 年撤销了在家禽使用恩诺沙星。

为防止动物源细菌耐药性进一步恶化，全球性禁止抗菌促长剂的使用已经势在必行。然而，截至目前我国仍然允许土霉素钙、金霉素、吉他霉素、杆菌肽、那西肽、阿维拉霉素、恩拉霉素、维吉尼亚霉素、黄霉素 9 种抗生素作为动物促生长剂使用。其中，前 3 种属于人兽共用抗生素，后 6 种为动物专用抗生素。兽药主管部门逐渐认识到抗菌药物作为动物促生长剂使用带来的耐药性恶化的风险，已经安排进行耐药性监测，并根据耐药性变化趋势经过风险评估后做出是否退出的决定。

四、抗菌药物耐药性风险管理

为了延缓动物源细菌的耐药性恶化，促进养殖业健康发展，避免出现无抗菌药物可选择的窘境，需要有区别地针对促生长使用的抗菌药物做出不同的限制措施。作为控制抗生素耐药性措施的一部分，2012 年美国 FDA 颁布了 209 号制药工业指南，即“医疗重要的抗生素在食品动物的谨慎使用”，主要集中在两个方面：①限制医学上重要的抗生素在食品动物使用，除非对保证食品动物健康有必要；②抗生素在食品动物中的限制使用需要兽医的监督和指导。过去 10 多年来，我国兽药主管部门采取了一系列控制措施，早在 2001 年就以 168 号公告发布《饲料药物添加剂使用规范》。将通过饲料添加的药物分为不需要兽医处方可自行添加的（附录一）和需要兽医处方才可添加的（附录二）。2013 年，以 1997 号公告发布了第一批兽用处方药品种目录。目前兽医临床允许使用的各种抗菌药物都收录其中。2015 年，以 2292 号公告发布规定，禁止在食品动物中使用洛美沙星、培氟沙星、氧氟沙星、诺氟沙星 4 种抗菌药。2015 年 7 月发布了《全国兽药（抗菌药）综合治理五年行动方案》，计划用五年时间开展系统、全面的兽用抗菌药滥用及非法兽药综合治理活动，以进一步加强兽用抗菌药（包括水产用抗菌药）的监管，提高兽用抗菌药科学规范使用水平。2016 年 7 月，以 2428 号公告发布规定，停止硫酸黏菌素用于动物促生长，只允许治疗使用。2016 年 7 月起，农业部实施兽药产品电子追溯码（二维码）标识，我国生产、进口的所有兽药产品需赋“二维码”上市销售，实现全程追溯。2017 年 5 月成立了“全国兽药残留与耐药性控制专家委员会”，为推进兽药残留控制、动物源细菌耐药性防控工作提供技术支撑。

针对抗菌药物作为动物促生长剂使用，通过风险评估后要分别采取不同的风险管理措施。如果属于人类医疗极为重要的抗菌药物，则需要停止作为动物促生长剂使用；属于动物专用的抗菌药物促生长剂，如果极易产生耐药性甚至与其他抗菌药物交叉耐药，也需停止作为动物促生长剂使用；属于动物专用的抗球虫抗生素，由于与人类健康没有太大关系，可以继续作为动物促生长剂使用。

总体来讲，遏制细菌耐药性的进一步恶化，需要采取多种综合措施，包括生物安全、环境卫生消毒、厩舍通风、动物福利、加强营养、防止饲料霉变与酸化处理等，保障养殖的动物舒适健康。从动物使用抗菌药物方面来讲，动物诊疗机构、养殖场需要严格执行处方药管理制度，加强对抗菌药物遴选、采购、处方、兽医临床应用和效果评价的管理，并根据细菌培养及药敏试验结果选择使用抗菌药物。

鸭的生理参数

体温（℃）	呼吸频次（站立状态）（次/min）	心率（成年鸭）（次/min）	血压（不麻醉状态）（mmHg*）	
			收缩压	舒张压
42.1（41.0～42.5）	19～35	170～500	179	136

红细胞数量（10^{12}/L）	白细胞数量（10^{9}/L）	血小板数量（10^{9}/L）	血红蛋白含量（g/dL）	血细胞比容（%）
2.8	23.4	90～380	12.7～15.6	37～46.7

注：* 1mmHg=133.322Pa。

附录 2

我国禁止使用兽药及化合物清单

一、禁止在饲料和动物饮用水中使用的药物品种目录（农业部公告第 176 号，2002 年）

（一）肾上腺素受体激动剂

1. 盐酸克仑特罗（Clenbuterol Hydrochloride）：中华人民共和国药典（以下简称“药典”）2000 年二部 P605。β2 肾上腺素受体激动药。

2. 沙丁胺醇（Salbutamol）：药典 2000 年二部 P316。β2 肾上腺素受体激动药。

3. 硫酸沙丁胺醇（Salbutamol Sulfate）：药典 2000 年二部 P870。β2 肾上腺素受体激动药。

4. 莱克多巴胺（Ractopamine）：一种 β 兴奋剂，美国食品和药物管理局（FDA）已批准，中国未批准。

5. 盐酸多巴胺（Dopamine Hydrochloride）：药典 2000 年二部 P591。多巴胺受体激动药。

6. 西巴特罗（Cimaterol）：美国氰胺公司开发的产品，一种 β 兴奋剂，FDA 未批准。

7. 硫酸特布他林（Terbutaline Sulfate）：药典 2000 年二部

P890。β2 肾上腺受体激动药。

(二) 性激素

8. 己烯雌酚（Diethylstibestrol）：药典 2000 年二部 P42。雌激素类药。

9. 雌二醇（Estradiol）：药典 2000 年二部 P1005。雌激素类药。

10. 戊酸雌二醇（Estradiol Valerate）：药典 2000 年二部 P124。雌激素类药。

11. 苯甲酸雌二醇（Estradiol Benzoate）：药典 2000 年二部 P369。雌激素类药。中华人民共和国兽药典（以下简称“兽药典”）2000 年版一部 P109。雌激素类药。用于发情不明显动物的催情及胎衣滞留、死胎的排出。

12. 氯烯雌醚（Chlorotrianisene）：药典 2000 年二部 P919。

13. 炔诺醇（Ethinylestradiol）：药典 2000 年二部 P422。

14. 炔诺醚（Quinestrol）：药典 2000 年二部 P424。

15. 醋酸氯地孕酮（Chlormadinone Acetate）：药典 2000 年二部 P1037。

16. 左炔诺孕酮（Levonorgestrel）：药典 2000 年二部 P107。

17. 炔诺酮（Norethisterone）：药典 2000 年二部 P420。

18. 绒毛膜促性腺激素（绒促性素）（Chorionic Gonadotrophin）：药典 2000 年二部 P534。促性腺激素药。兽药典 2000 年版一部 P146。激素类药。用于性功能障碍、习惯性流产及卵巢囊肿等。

19. 促卵泡生长激素（尿促性素主要含卵泡刺激 FSHT 和黄体生成素 LH）（Menotropins）：药典 2000 年二部 P321。促性腺激素类药。

(三) 蛋白同化激素

20. 碘化酪蛋白（Iodinated Casein）：蛋白同化激素类，为甲状腺素的前驱物质，具有类似甲状腺素的生理作用。

21. 苯丙酸诺龙及苯丙酸诺龙注射液（Nandrolone phenylpropionate）：药典 2000 年二部 P365。

（四）精神药品

22.（盐酸）氯丙嗪（Chlorpromazine Hydrochloride）：药典 2000 年二部 P676。抗精神病药。兽药典 2000 年版一部 P177。镇静药。用于强化麻醉以及使动物安静等。

23. 盐酸异丙嗪（Promethazine Hydrochloride）：药典 2000 年二部 P602。抗组胺药。兽药典 2000 年版一部 P164。抗组胺药。用于变态反应性疾病，如荨麻疹、血清病等。

24. 安定（地西泮）（Diazepam）：药典 2000 年二部 P214。抗焦虑药、抗惊厥药。兽药典 2000 年版一部 P61。镇静药、抗惊厥药。

25. 苯巴比妥（Phenobarbital）：药典 2000 年二部 P362。镇静催眠药、抗惊厥药。兽药典 2000 年版一部 P103。巴比妥类药。缓解脑炎、破伤风、士的宁中毒所致的惊厥。

26. 苯巴比妥钠（Phenobarbital Sodium）：兽药典 2000 年版一部 P105。巴比妥类药。缓解脑炎、破伤风、士的宁中毒所致的惊厥。

27. 巴比妥（Barbital）：兽药典 2000 年版二部 P27。中枢抑制和增强解热镇痛。

28. 异戊巴比妥（Amobarbital）：药典 2000 年二部 P252。催眠药、抗惊厥药。

29. 异戊巴比妥钠（Amobarbital Sodium）：兽药典 2000 年版一部 P82。巴比妥类药。用于小动物的镇静、抗惊厥和麻醉。

30. 利血平（Reserpine）：药典 2000 年二部 P304。抗高血压药。

31. 艾司唑仑（Estazolam）。

32. 甲丙氨脂（Meprobamate）。

33. 咪达唑仑（Midazolam）。

34. 硝西泮（Nitrazepam）。

35. 奥沙西泮（Oxazepam）。

36. 匹莫林（Pemoline）。

37. 三唑仑（Triazolam）。

38. 唑吡旦（Zolpidem）。

39. 其他国家管制的精神药品。

（五）各种抗生素滤渣

40. 抗生素滤渣：该类物质是抗生素类产品生产过程中产生的工业三废，因含有微量抗生素成分，在饲料和饲养过程中使用后对动物有一定的促生长作用。但对养殖业的危害很大，一是容易引起耐药性，二是由于未做安全性试验，存在各种安全隐患。

二、食品动物禁用的兽药及其他化合物清单（农业部公告第 193 号，2002 年）

序号	兽药及其他化合物名称	禁止用途	禁用动物
1	β-兴奋剂类：克仑特罗 Clenbuterol、沙丁胺醇 Salbutamol、西马特罗 Cimaterol 及其盐、酯及制剂	所有用途	所有食品动物
2	性激素类：己烯雌酚 Diethylstilbestrol 及其盐、酯及制剂	所有用途	所有食品动物
3	具有雌激素样作用的物质：玉米赤霉醇 Zeranol、去甲雄三烯醇酮 Trenbolone、醋酸甲孕酮 Mengestrol Acetate 及制剂	所有用途	所有食品动物
4	氯霉素 Chloramphenicol 及其盐、酯（包括：琥珀氯霉素 Chloramphenicol Succinate）及制剂	所有用途	所有食品动物
5	氨苯砜 Dapsone 及制剂	所有用途	所有食品动物

（续）

序号	兽药及其他化合物名称	禁止用途	禁用动物
6	硝基呋喃类：呋喃唑酮 Furazolidone、呋喃它酮 Furaltadone、呋喃苯烯酸钠 Nifurstyrenate Sodium 及制剂	所有用途	所有食品动物
7	硝基化合物：硝基酚钠 Sodium Nitrophenolate、硝呋烯腙 Nitrovin 及制剂	所有用途	所有食品动物
8	催眠、镇静类：安眠酮 Methaqualone 及制剂	所有用途	所有食品动物
9	林丹（丙体六六六）Lindane	杀虫剂	所有食品动物
10	毒杀芬（氯化烯）Camahechlor	杀虫剂、清塘剂	所有食品动物
11	呋喃丹（克百威）Carbofuran	杀虫剂	所有食品动物
12	杀虫脒（克死螨）Chlordimeform	杀虫剂	所有食品动物
13	双甲脒 Amitraz	杀虫剂	水生食品动物
14	酒石酸锑钾 Antimony Potassium Tartrate	杀虫剂	所有食品动物
15	锥虫胂胺 Tryparsamide	杀虫剂	所有食品动物
16	孔雀石绿 Malachitegreen	抗菌、杀虫剂	所有食品动物
17	五氯酚酸钠 Pentachlorophenol Sodium	杀螺剂	所有食品动物
18	各种汞制剂。包括氯化亚汞（甘汞）Calomel，硝酸亚汞 Mercurous Nitrate、醋酸汞 Mercurous Acetate、吡啶基醋酸汞 Pyridyl Mercurous Acetate	杀虫剂	所有食品动物
19	性激素类：甲基睾丸酮 Methyltestosterone、丙酸睾酮 Testosterone Propionate、苯丙酸诺龙 Nandrolone Phenylpropionate、苯甲酸雌二醇 Estradiol Benzoate 及其盐、酯及制剂	促生长	所有食品动物
20	催眠、镇静类：氯丙嗪 Chlorpromazine、地西泮（安定）Diazepam 及其盐、酯及制剂	促生长	所有食品动物
21	硝基咪唑类：甲硝唑 Metronidazole、地美硝唑 Dimetronidazole 及其盐、酯及制剂	促生长	所有食品动物

三、兽药地方标准废止目录公布的食品动物禁用兽药（农业部公告第560号，2005年）

类别	名称/组方
禁用兽药	β-兴奋剂类：沙丁胺醇及其盐、酯及制剂
	硝基呋喃类：呋喃西林、呋喃妥因及其盐、酯及制剂
	硝基咪唑类：替硝唑及其盐、酯及制剂
	喹噁啉类：卡巴氧及其盐、酯及制剂
	抗生素类：万古霉素及其盐、酯及制剂

四、禁止在饲料和动物饮水中使用的物质（农业部公告第1519号，2010年）

1. 苯乙醇胺A（Phenylethanolamine A）：β-肾上腺素受体激动剂。

2. 班布特罗（Bambuterol）：β-肾上腺素受体激动剂。

3. 盐酸齐帕特罗（Zilpaterol Hydrochloride）：β-肾上腺素受体激动剂。

4. 盐酸氯丙那林（Clorprenaline Hydrochloride）：药典2010版二部P783。β-肾上腺素受体激动剂。

5. 马布特罗（Mabuterol）：β-肾上腺素受体激动剂。

6. 西布特罗（Cimbuterol）：β-肾上腺素受体激动剂。

7. 溴布特罗（Brombuterol）：β-肾上腺素受体激动剂。

8. 酒石酸阿福特罗（Arformoterol Tartrate）：长效型β-肾上腺素受体激动剂。

9. 富马酸福莫特罗（Formoterol Fumatrate）：长效型β-肾上腺素受体激动剂。

10. 盐酸可乐定（Clonidine Hydrochloride）：药典 2010 版二部 P645。抗高血压药。

11. 盐酸赛庚啶（Cyproheptadine Hydrochloride）：药典 2010 版二部 P803。抗组胺药。

五、禁止用于食品动物的其他兽药

兽用药物及其他化合物名称	禁用动物	公告号
非泼罗尼及相关制剂	所有食品动物	农业部公告第 2583 号（2017 年 9 月 15 日颁布）
洛美沙星、培氟沙星、氧氟沙星、诺氟沙星 4 种原料药的各种盐、酯及其各种制剂	所有食品动物	农业部公告第 2292 号（2015 年 9 月 1 日颁布）
喹乙醇、氨苯胂酸、洛克沙胂 3 种兽药的原料药及各种制剂	所有食品动物	农业部公告第 2638 号（2018 年 1 月 12 日颁布）

附录3

动物性食品中兽药最高残留限量

一、动物性食品允许使用，但不需要制定残留限量的药物

药物名称	动物种类	其他规定
Acetylsalicylic acid 乙酰水杨酸	牛、猪、鸡	产奶牛禁用 产蛋鸡禁用
Aluminium hydroxide 氢氧化铝	所有食品动物	
Amitraz 双甲脒	牛/羊/猪	仅指肌肉中不需要限量
Amprolium 氨丙啉	家禽	仅作口服用
Apramycin 安普霉素	猪、兔 山羊 鸡	仅作口服用 产奶羊禁用 产蛋鸡禁用
Atropine 阿托品	所有食品动物	
Azamethiphos 甲基吡啶磷	鱼	
Betaine 甜菜碱	所有食品动物	
Bismuth subcarbonate 碱式碳酸铋	所有食品动物	仅作口服用
Bismuth subnitrate 碱式硝酸铋	所有食品动物	仅作口服用
Bismuth subnitrate 碱式硝酸铋	牛	仅乳房内注射用
Boric acid and borates 硼酸及其盐	所有食品动物	
Caffeine 咖啡因	所有食品动物	
Calcium borogluconate 硼葡萄糖酸钙	所有食品动物	
Calcium carbonate 碳酸钙	所有食品动物	

（续）

药物名称	动物种类	其他规定
Calcium chloride 氯化钙	所有食品动物	
Calcium gluconate 葡萄糖酸钙	所有食品动物	
Calcium phosphate 磷酸钙	所有食品动物	
Calcium sulphate 硫酸钙	所有食品动物	
Calcium pantothenate 泛酸钙	所有食品动物	
Camphor 樟脑	所有食品动物	仅作外用
Chlorhexidine 氯己定	所有食品动物	仅作外用
Choline 胆碱	所有食品动物	
Cloprostenol 氯前列醇	牛、猪、马	
Decoquinate 癸氧喹酯	牛、山羊	仅口服用，产奶动物禁用
Diclazuril 地克珠利	山羊	羔羊口服用
Epinephrine 肾上腺素	所有食品动物	
Ergometrine maleata 马来酸麦角新碱	所有哺乳类食品动物	仅用于临产动物
Ethanol 乙醇	所有食品动物	仅作赋型剂用
Ferrous sulphate 硫酸亚铁	所有食品动物	
Flumethrin 氟氯苯氰菊酯	蜜蜂	蜂蜜
Folic acid 叶酸	所有食品动物	
Follicle stimulating hormone (natural FSH from all species and their synthetic analogues) 促卵泡激素（各种动物天然 FSH 及其化学合成类似物）	所有食品动物	
Formaldehyde 甲醛	所有食品动物	
Glutaraldehyde 戊二醛	所有食品动物	
Gonadotrophin releasing hormone 垂体促性腺激素释放激素	所有食品动物	
Human chorion gonadotrophin 绒促性素	所有食品动物	
Hydrochloric acid 盐酸	所有食品动物	仅作赋型剂用

（续）

药物名称	动物种类	其他规定
Hydrocortisone 氢化可的松	所有食品动物	仅作外用
Hydrogen peroxide 过氧化氢	所有食品动物	
Iodine and iodine inorganic compounds including 碘和碘无机化合物包括： ——Sodium and potassium-iodide 碘化钠和钾	所有食品动物	
——Sodium and potassium-iodate 碘酸钠和钾	所有食品动物	
Iodophors including 碘附包括： ——polyvinylpyrrolidone-iodine 聚乙烯吡咯烷酮碘	所有食品动物	
Iodine organic compounds 碘有机化合物： ——Iodoform 碘仿	所有食品动物	
Iron dextran 右旋糖酐铁	所有食品动物	
Ketamine 氯胺酮	所有食品动物	
Lactic acid 乳酸	所有食品动物	
Lidocaine 利多卡因	马	仅作局部麻醉用
Luteinising hormone (natural LH from all species and their synthetic analogues) 促黄体激素（各种动物天然 FSH 及其化学合成类似物）	所有食品动物	
Magnesium chloride 氯化镁	所有食品动物	
Mannitol 甘露醇	所有食品动物	
Menadione 甲萘醌	所有食品动物	
Neostigmine 新斯的明	所有食品动物	
Oxytocin 缩宫素	所有食品动物	
Paracetamol 对乙酰氨基酚	猪	仅作口服用
Pepsin 胃蛋白酶	所有食品动物	
Phenol 苯酚	所有食品动物	
Piperazine 哌嗪	鸡	除蛋外所有组织

（续）

药物名称	动物种类	其他规定
Polyethylene glycols（molecular weight ranging from 200 to 10 000）聚乙二醇（分子量范围 200～10 000）	所有食品动物	
Polysorbate 80 吐温-80	所有食品动物	
Praziquantel 吡喹酮	绵羊、马、山羊	仅用于非泌乳绵羊
Procaine 普鲁卡因	所有食品动物	
Pyrantel embonate 双羟萘酸噻嘧啶	马	
Salicylic acid 水杨酸	除鱼外所有食品动物	仅作外用
Sodium bromide 溴化钠	所有哺乳类食品动物	仅作外用
Sodium chloride 氯化钠	所有食品动物	
Sodium pyrosulphite 焦亚硫酸钠	所有食品动物	
Sodium salicylate 水杨酸钠	除鱼外所有食品动物	仅作外用
Sodium selenite 亚硒酸钠	所有食品动物	
Sodium stearate 硬脂酸钠	所有食品动物	
Sodium thiosulphate 硫代硫酸钠	所有食品动物	
Sorbitan trioleate 脱水山梨醇三油酸酯（司盘-85）	所有食品动物	
Strychnine 士的宁	牛	仅作口服用，剂量最大为每千克体重 0.1mg
Sulfogaiacol 愈创木酚磺酸钾	所有食品动物	
Sulphur 硫黄	牛、猪、山羊、绵羊、马	
Tetracaine 丁卡因	所有食品动物	仅作麻醉剂用
Thiomersal 硫柳汞	所有食品动物	多剂量疫苗中作防腐剂使用，浓度最大不得超过 0.02%

（续）

药物名称	动物种类	其他规定
Thiopental sodium 硫喷妥钠	所有食品动物	仅作静脉注射用
Vitamin A 维生素 A	所有食品动物	
Vitamin B_1 维生素 B_1	所有食品动物	
Vitamin B_{12} 维生素 B_{12}	所有食品动物	
Vitamin B_2 维生素 B_2	所有食品动物	
Vitamin B_6 维生素 B_6	所有食品动物	
Vitamin D 维生素 D	所有食品动物	
Vitamin E 维生素 E	所有食品动物	
Xylazine hydrochloride 盐酸塞拉嗪	牛、马	产奶动物禁用
Zinc oxide 氧化锌	所有食品动物	
Zinc sulphate 硫酸锌	所有食品动物	

二、已批准的动物性食品中最高残留限量规定

药物名	标志残留物	动物种类	靶组织	残留限量
阿灭丁（阿维菌素） Abamectin ADI：0～2	Avermectin B_{1a}	牛（泌乳期禁用）	脂肪	100
			肝	100
			肾	50
		羊（泌乳期禁用）	肌肉	25
			脂肪	50
			肝	25
			肾	20
乙酰异戊酰泰乐菌素 Acetylisovaleryltylosin ADI：0～1.02	总 Acetylisovaleryltylosin 和 3-*O*-乙酰泰乐菌素	猪	肌肉	50
			皮+脂肪	50
			肝	50
			肾	50

（续）

药物名	标志残留物	动物种类	靶组织	残留限量
阿苯达唑 Albendazole ADI：0～50	Albendazole＋$ABZSO_2$＋ABZSO＋$ABZNH_2$	牛/羊	肌肉	100
			脂肪	100
			肝	5 000
			肾	5 000
			奶	100
双甲脒 Amitraz ADI：0～3	Amitraz ＋2，4－DMA 的总量	牛	脂肪	200
			肝	200
			肾	200
			奶	10
		羊	脂肪	400
			肝	100
			肾	200
			奶	10
		猪	皮＋脂	400
			肝	200
			肾	200
		禽	肌肉	10
			脂肪	10
			副产品	50
		蜜蜂	蜂蜜	200
阿莫西林 Amoxicillin	Amoxicillin	所有食品动物	肌肉	50
			脂肪	50
			肝	50
			肾	50
			奶	10
氨苄西林 Ampicillin	Ampicillin	所有食品动物	肌肉	50
			脂肪	50
			肝	50
			肾	50
			奶	10

（续）

药物名	标志残留物	动物种类	靶组织	残留限量
氨丙啉 Amprolium ADI：0～100	Amprolium	牛	肌肉	500
			脂肪	2 000
			肝	500
			肾	500
安普霉素 Apramycin ADI：0～40	Apramycin	猪	肾	100
阿散酸/洛克沙胂 Arsanilic acid/Roxarsone	总砷计 Arsenic	猪	肌肉	500
			肝	2 000
			肾	2 000
			副产品	500
		鸡/火鸡	肌肉	500
			副产品	500
			蛋	500
氮哌酮 Azaperone ADI：0～0.8	Azaperone＋Azaperol	猪	肌肉	60
			皮＋脂肪	60
			肝	100
			肾	100
杆菌肽 Bacitracin ADI：0～3.9	Bacitracin	牛/猪/禽	可食组织	500
		牛（乳房注射）	奶	500
		禽	蛋	500
苄星青霉素/普鲁卡因青霉素 Benzylpenicillin/Procaine benzylpenicillin ADI：0～30μg/（人·d）	Benzylpenicillin	所有食品动物	肌肉	50
			脂肪	50
			肝	50
			肾	50
			奶	4
倍他米松 Betamethasone ADI：0～0.015	Betamethasone	牛/猪	肌肉	0.75
			肝	2.0
			肾	0.75
		牛	奶	0.3

（续）

药物名	标志残留物	动物种类	靶组织	残留限量
头孢氨苄 Cefalexin ADI：0～54.4	Cefalexin	牛	肌肉	200
			脂肪	200
			肝	200
			肾	1 000
			奶	100
头孢喹肟 Cefquinome ADI：0～3.8	Cefquinome	牛	肌肉	50
			脂肪	50
			肝	100
			肾	200
			奶	20
		猪	肌肉	50
			皮+脂	50
			肝	100
			肾	200
头孢噻呋 Ceftiofur ADI：0～50	Desfuroylceftiofur	牛/猪	肌肉	1 000
			脂肪	2 000
			肝	2 000
			肾	6 000
		牛	奶	100
克拉维酸 Clavulanic acid ADI：0～16	Clavulanic acid	牛/羊	奶	200
		牛/羊/猪	肌肉	100
			脂肪	100
			肝	200
			肾	400
氯羟吡啶 Clopidol	Clopidol	牛/羊	肌肉	200
			肝	1 500
			肾	3 000
			奶	20
		猪	可食组织	200

（续）

药物名	标志残留物	动物种类	靶组织	残留限量
氯羟吡啶 Clopidol	Clopidol	鸡/火鸡	肌肉	5 000
			肝	15 000
			肾	15 000
氯氰碘柳胺 Closantel ADI：0～30	Closantel	牛	肌肉	1 000
			脂肪	3 000
			肝	1 000
			肾	3 000
		羊	肌肉	1 500
			脂肪	2 000
			肝	1 500
			肾	5 000
氯唑西林 Cloxacillin	Cloxacillin	所有食品动物	肌肉	300
			脂肪	300
			肝	300
			肾	300
			奶	30
黏菌素 Colistin ADI：0～5	Colistin	牛/羊	奶	50
		牛/羊/猪/鸡/兔	肌肉	150
			脂肪	150
			肝	150
			肾	200
		鸡	蛋	300
蝇毒磷 Coumaphos ADI：0～0.25	Coumaphos 和氧化物	蜜蜂	蜂蜜	100
环丙氨嗪 Cyromazine ADI：0～20	Cyromazine	羊	肌肉	300
			脂肪	300
			肝	300
			肾	300

（续）

药物名	标志残留物	动物种类	靶组织	残留限量
环丙氨嗪 Cyromazine ADI：0～20	Cyromazine	禽	肌肉	50
			脂肪	50
			副产品	50
达氟沙星 Danofloxacin ADI：0～20	Danofloxacin	牛/绵羊/山羊	肌肉	200
			脂肪	100
			肝	400
			肾	400
			奶	30
		家禽	肌肉	200
			皮+脂	100
			肝	400
			肾	400
		其他动物	肌肉	100
			脂肪	50
			肝	200
			肾	200
癸氧喹酯 Decoquinate ADI：0～75	Decoquinate	鸡	皮+肉	1 000
			可食组织	2 000
溴氰菊酯 Deltamethrin ADI：0～10	Deltamethrin	牛/羊	肌肉	30
			脂肪	500
			肝	50
			肾	50
		牛	奶	30
		鸡	肌肉	30
			皮+脂	500
			肝	50
			肾	50
			蛋	30
		鱼	肌肉	30

（续）

<table>
<tr><th>药物名</th><th>标志残留物</th><th>动物种类</th><th>靶组织</th><th>残留限量</th></tr>
<tr><td>越霉素 A
Destomycin A</td><td>Destomycin A</td><td>猪/鸡</td><td>可食组织</td><td>2 000</td></tr>
<tr><td rowspan="4">地塞米松
Dexamethasone
ADI：0～0.015</td><td rowspan="4">Dexamethasone</td><td rowspan="3">牛/猪/马</td><td>肌肉</td><td>0.75</td></tr>
<tr><td>肝</td><td>2</td></tr>
<tr><td>肾</td><td>0.75</td></tr>
<tr><td>牛</td><td>奶</td><td>0.3</td></tr>
<tr><td rowspan="5">二嗪农 Diazinon
ADI：0～2</td><td rowspan="5">Diazinon</td><td>牛/羊</td><td>奶</td><td>20</td></tr>
<tr><td rowspan="4">牛/猪/羊</td><td>肌肉</td><td>20</td></tr>
<tr><td>脂肪</td><td>700</td></tr>
<tr><td>肝</td><td>20</td></tr>
<tr><td>肾</td><td>20</td></tr>
<tr><td rowspan="9">敌敌畏 Dichlorvos
ADI：0～4</td><td rowspan="9">Dichlorvos</td><td rowspan="3">牛/羊/马</td><td>肌肉</td><td>20</td></tr>
<tr><td>脂肪</td><td>20</td></tr>
<tr><td>副产品</td><td>20</td></tr>
<tr><td rowspan="3">猪</td><td>肌肉</td><td>100</td></tr>
<tr><td>脂肪</td><td>100</td></tr>
<tr><td>副产品</td><td>200</td></tr>
<tr><td rowspan="3">鸡</td><td>肌肉</td><td>50</td></tr>
<tr><td>脂肪</td><td>50</td></tr>
<tr><td>副产品</td><td>50</td></tr>
<tr><td rowspan="4">地克珠利 Diclazuril
ADI：0～30</td><td rowspan="4">Diclazuril</td><td rowspan="4">绵羊/禽/兔</td><td>肌肉</td><td>500</td></tr>
<tr><td>脂肪</td><td>1 000</td></tr>
<tr><td>肝</td><td>3 000</td></tr>
<tr><td>肾</td><td>2 000</td></tr>
<tr><td rowspan="4">二氟沙星 Difloxacin
ADI：0～10</td><td rowspan="4">Difloxacin</td><td rowspan="4">牛/羊</td><td>肌肉</td><td>400</td></tr>
<tr><td>脂</td><td>100</td></tr>
<tr><td>肝</td><td>1 400</td></tr>
<tr><td>肾</td><td>800</td></tr>
</table>

（续）

药物名	标志残留物	动物种类	靶组织	残留限量
二氟沙星 Difloxacin ADI：0～10	Difloxacin	猪	肌肉	400
			皮+脂	100
			肝	800
			肾	800
		家禽	肌肉	300
			皮+脂	400
			肝	1 900
			肾	600
		其他	肌肉	300
			脂肪	100
			肝	800
			肾	600
三氮脒 Diminazine ADI：0～100	Diminazine	牛	肌肉	500
			肝	12 000
			肾	6 000
			奶	150
多拉菌素 Doramectin ADI：0～0.5	Doramectin	牛（泌乳牛禁用）	肌肉	10
			脂肪	150
			肝	100
			肾	30
		猪/羊/鹿	肌肉	20
			脂肪	100
			肝	50
			肾	30
多西环素 Doxycycline ADI：0～3	Doxycycline	牛（泌乳牛禁用）	肌肉	100
			肝	300
			肾	600
		猪	肌肉	100
			皮+脂	300
			肝	300
			肾	600

（续）

药物名	标志残留物	动物种类	靶组织	残留限量
多西环素 Doxycycline ADI：0～3	Doxycycline	禽（产蛋鸡禁用）	肌肉	100
			皮＋脂	300
			肝	300
			肾	600
恩诺沙星 Enrofloxacin ADI：0～2	Enrofloxacin＋ Ciprofloxacin	牛/羊	肌肉	100
			脂肪	100
			肝	300
			肾	200
		牛/羊	奶	100
		猪/兔	肌肉	100
			脂肪	100
			肝	200
			肾	300
		禽（产蛋鸡禁用）	肌肉	100
			皮＋脂	100
			肝	200
			肾	300
		其他动物	肌肉	100
			脂肪	100
			肝	200
			肾	200
红霉素 Erythromycin ADI：0～5	Erythromycin	所有食品动物	肌肉	200
			脂肪	200
			肝	200
			肾	200
			奶	40
			蛋	150
乙氧酰胺苯甲酯 Ethopabate	Ethopabate	禽	肌肉	500
			肝	1 500
			肾	1 500

（续）

药物名	标志残留物	动物种类	靶组织	残留限量
苯硫氨酯 Fenbantel 芬苯达唑 Fenbendazole 奥芬达唑 Oxfendazole ADI：0～7	可提取的 Oxfendazole sulphone	牛/马/猪/羊	肌肉	100
			脂肪	100
			肝	500
			肾	100
		牛/羊	奶	100
倍硫磷 Fenthion	Fenthion & metabolites	牛/猪/禽	肌肉	100
			脂肪	100
			副产品	100
氰戊菊酯 Fenvalerate ADI：0～20	Fenvalerate	牛/羊/猪	肌肉	1 000
			脂肪	1 000
			副产品	20
		牛	奶	100
氟苯尼考 Florfenicol ADI：0～3	Florfenicol-amine	牛/羊 （泌乳期禁用）	肌肉	200
			肝	3 000
			肾	300
		猪	肌肉	300
			皮+脂	500
			肝	2 000
			肾	500
		家禽（产蛋禁用）	肌肉	100
			皮+脂	200
			肝	2 500
			肾	750
		鱼	肌肉+皮	1 000
		其他动物	肌肉	100
			脂肪	200
			肝	2 000
			肾	300

（续）

药物名	标志残留物	动物种类	靶组织	残留限量
氟苯咪唑 Flubendazole ADI：0～12	Flubendazole＋2－amino 1H－benzimidazol－5－yl－（4－fluorophenyl）methanone	猪	肌肉	10
			肝	10
		禽	肌肉	200
			肝	500
			蛋	400
醋酸氟孕酮 Flugestone Acetate ADI：0～0.03	Flugestone Acetate	羊	奶	1
氟甲喹 Flumequine ADI：0～30	Flumequine	牛/羊/猪	肌肉	500
			脂肪	1 000
			肝	500
			肾	3 000
			奶	50
		鱼	肌肉＋皮	500
		鸡	肌肉	500
			皮＋脂	1 000
			肝	500
			肾	3 000
氟氯苯氰菊酯 Flumethrin ADI：0～1.8	Flumethrin （sum of trans-Z-isomers）	牛	肌肉	10
			脂肪	150
			肝	20
			肾	10
			奶	30
		羊（产奶期禁用）	肌肉	10
			脂肪	150
			肝	20
			肾	10
氟胺氰菊酯 Fluvalinate	Fluvalinate	所有动物	肌肉	10
			脂肪	10
			副产品	10

（续）

药物名	标志残留物	动物种类	靶组织	残留限量
氟胺氰菊酯 Fluvalinate	Fluvalinate	蜜蜂	蜂蜜	50
庆大霉素 Gentamycin ADI：0～20	Gentamycin	牛/猪	肌肉	100
			脂肪	100
			肝	2 000
			肾	5 000
		牛	奶	200
		鸡/火鸡	可食组织	100
氢溴酸常山酮 Halofuginone hydrobromide ADI：0～0.3	Halofuginone	牛	肌肉	10
			脂肪	25
			肝	30
			肾	30
		鸡/火鸡	肌肉	100
			皮+脂	200
			肝	130
氮氨菲啶 Isometamidium ADI：0～100	Isometamidium	牛	肌肉	100
			脂肪	100
			肝	500
			肾	1 000
			奶	100
伊维菌素 Ivermectin ADI：0～1	22，23-Dihydro-avermectin B_{1a}	牛	肌肉	10
			脂肪	40
			肝	100
			奶	10
		猪/羊	肌肉	20
			脂肪	20
			肝	15
吉他霉素 Kitasamycin	Kitasamycin	猪/禽	肌肉	200
			肝	200
			肾	200

（续）

药物名	标志残留物	动物种类	靶组织	残留限量
拉沙洛菌素 Lasalocid	Lasalocid	牛	肝	700
		鸡	皮＋脂	1 200
			肝	400
		火鸡	皮＋脂	400
			肝	400
		羊	肝	1 000
		兔	肝	700
左旋咪唑 Levamisole ADI：0～6	Levamisole	牛/羊/猪/禽	肌肉	10
			脂肪	10
			肝	100
			肾	10
林可霉素 Lincomycin ADI：0～30	Lincomycin	牛/羊/猪/禽	肌肉	100
			脂肪	100
			肝	500
			肾	1 500
		牛/羊	奶	150
		鸡	蛋	50
马杜霉素 Maduramicin	Maduramicin	鸡	肌肉	240
			脂肪	480
			皮	480
			肝	720
马拉硫磷 Malathion	Malathion	牛/羊/猪/禽/马	肌肉	4 000
			脂肪	4 000
			副产品	4 000
甲苯咪唑 Mebendazole ADI：0～12.5	Mebendazole 等效物	羊/马（产奶期禁用）	肌肉	60
			脂肪	60
			肝	400
			肾	60

（续）

药物名	标志残留物	动物种类	靶组织	残留限量
安乃近 Metamizole ADI：0～10	4-氨甲基-安替比林	牛/猪/马	肌肉	200
			脂肪	200
			肝	200
			肾	200
莫能菌素 Monensin	Monensin	牛/羊	可食组织	50
		鸡/火鸡	肌肉	1 500
			皮+脂	3 000
			肝	4 500
甲基盐霉素 Narasin	Narasin	鸡	肌肉	600
			皮+脂	1 200
			肝	1 800
新霉素 Neomycin ADI：0～60	Neomycin B	牛/羊/猪/鸡/火鸡/鸭	肌肉	500
			脂肪	500
			肝	500
			肾	10 000
		牛/羊	奶	500
		鸡	蛋	500
尼卡巴嗪 Nicarbazin ADI：0～400	N，N'-bis-(4-nitrophenyl) urea	鸡	肌肉	200
			皮/脂	200
			肝	200
			肾	200
硝碘酚腈 Nitroxinil ADI：0～5	Nitroxinil	牛/羊	肌肉	400
			脂肪	200
			肝	20
			肾	400
喹乙醇 Olaquindox	［3-甲基喹啉-2-羧酸］(MQCA)	猪	肌肉	4
			肝	50

（续）

药物名	标志残留物	动物种类	靶组织	残留限量
苯唑西林 Oxacillin	Oxacillin	所有食品动物	肌肉	300
			脂肪	300
			肝	300
			肾	300
			奶	30
丙氧苯咪唑 Oxibendazole ADI：0～60	Oxibendazole	猪	肌肉	100
			皮+脂	500
			肝	200
			肾	100
噁喹酸 Oxolinic acid ADI：0～2.5	Oxolinic acid	牛/猪/鸡	肌肉	100
			脂肪	50
			肝	150
			肾	150
		鸡	蛋	50
		鱼	肌肉+皮	300
土霉素/金霉素/四环素 Oxytetracycline/ Chlortetracycline/ Tetracycline ADI：0～30	Parent drug，单个或复合物	所有食品动物	肌肉	100
			肝	300
			肾	600
		牛/羊	奶	100
		禽	蛋	200
		鱼/虾	肉	100
辛硫磷 Phoxim ADI：0～4	Phoxim	牛/猪/羊	肌肉	50
			脂肪	400
			肝	50
			肾	50
		牛	奶	10
哌嗪 Piperazine ADI：0～250	Piperazine	猪	肌肉	400
			皮+脂	800
			肝	2 000
			肾	1 000

（续）

药物名	标志残留物	动物种类	靶组织	残留限量
哌嗪 Piperazine ADI：0～250	Piperazine	鸡	蛋	2 000
巴胺磷 Propetamphos ADI：0～0.5	Propetamphos	羊	脂肪	90
			肾	90
碘醚柳胺 Rafoxanide ADI：0～2	Rafoxanide	牛	肌肉	30
			脂肪	30
			肝	10
			肾	40
		羊	肌肉	100
			脂肪	250
			肝	150
			肾	150
氯苯胍 Robenidine	Robenidine	鸡	脂肪	200
			皮	200
			可食组织	100
盐霉素 Salinomycin	Salinomycin	鸡	肌肉	600
			皮/脂	1 200
			肝	1 800
沙拉沙星 Sarafloxacin ADI：0～0.3	Sarafloxacin	鸡/火鸡	肌肉	10
			脂肪	20
			肝	80
			肾	80
		鱼	肌肉＋皮	30
赛杜霉素 Semduramicin ADI：0～180	Semduramicin	鸡	肌肉	130
			肝	400
大观霉素 Spectinomycin ADI：0～40	Spectinomycin	牛/羊/猪/鸡	肌肉	500
			脂肪	2 000
			肝	2 000
			肾	5 000

（续）

药物名	标志残留物	动物种类	靶组织	残留限量
大观霉素 Spectinomycin ADI：0～40	Spectinomycin	牛	奶	200
		鸡	蛋	2 000
链霉素/双氢链霉素 Streptomycin/ Dihydrostreptomycin ADI：0～50	Sum of Streptomycin+ Dihydrostreptomycin	牛	奶	200
		牛/绵羊/猪/鸡	肌肉	600
			脂肪	600
			肝	600
			肾	1 000
磺胺类 Sulfonamides	Parent drug（总量）	所有食品动物	肌肉	100
			脂肪	100
			肝	100
			肾	100
		牛/羊	奶	100
磺胺二甲嘧啶 Sulfadimidine ADI：0～50	Sulfadimidine	牛	奶	25
噻苯咪唑 Thiabendazole ADI：0～100	[噻苯咪唑和5-羟基噻苯咪唑]	牛/猪/绵羊/山羊	肌肉	100
			脂肪	100
			肝	100
			肾	100
		牛/山羊	奶	100
甲砜霉素 Thiamphenicol ADI：0～5	Thiamphenicol	牛/羊	肌肉	50
			脂肪	50
			肝	50
			肾	50
		牛	奶	50
		猪	肌肉	50
			脂肪	50
			肝	50
			肾	50

（续）

药物名	标志残留物	动物种类	靶组织	残留限量
甲砜霉素 Thiamphenicol ADI：0～5	Thiamphenicol	鸡	肌肉	50
			皮＋脂	50
			肝	50
			肾	50
		鱼	肌肉＋皮	50
泰妙菌素 Tiamulin ADI：0～30	Tiamulin＋8－α－Hydroxymutilin 总量	猪/兔	肌肉	100
			肝	500
		鸡	肌肉	100
			皮＋脂	100
			肝	1 000
			蛋	1 000
		火鸡	肌肉	100
			皮＋脂	100
			肝	300
替米考星 Tilmicosin ADI：0～40	Tilmicosin	牛/绵羊	肌肉	100
			脂肪	100
			肝	1 000
			肾	300
		绵羊	奶	50
		猪	肌肉	100
			脂肪	100
			肝	1 500
			肾	1 000
		鸡	肌肉	75
			皮＋脂	75
			肝	1 000
			肾	250
甲基三嗪酮（托曲珠利）Toltrazuril ADI：0～2	Toltrazuril Sulfone	鸡/火鸡	肌肉	100
			皮＋脂	200
			肝	600
			肾	400

（续）

药物名	标志残留物	动物种类	靶组织	残留限量
甲基三嗪酮（托曲珠利）Toltrazuril ADI：0～2	Toltrazuril Sulfone	猪	肌肉	100
			皮＋脂	150
			肝	500
			肾	250
敌百虫 Trichlorfon ADI：0～20	Trichlorfon	牛	肌肉	50
			脂肪	50
			肝	50
			肾	50
			奶	50
三氯苯唑 Triclabendazole ADI：0～3	Ketotriclabendazole	牛	肌肉	200
			脂肪	100
			肝	300
			肾	300
		羊	肌肉	100
			脂肪	100
			肝	100
			肾	100
甲氧苄啶 Trimethoprim ADI：0～4.2	Trimethoprim	牛	肌肉	50
			脂肪	50
			肝	50
			肾	50
			奶	50
		猪/禽	肌肉	50
			皮＋脂	50
			肝	50
			肾	50
		马	肌肉	100
			脂肪	100
			肝	100
			肾	100
		鱼	肌肉＋皮	50

（续）

药物名	标志残留物	动物种类	靶组织	残留限量
泰乐菌素 Tylosin ADI：0～6	Tylosin A	鸡/火鸡/猪/牛	肌肉	200
			脂肪	200
			肝	200
			肾	200
		牛	奶	50
		鸡	蛋	200
维吉尼霉素 Virginiamycin ADI：0～250	Virginiamycin	猪	肌肉	100
			脂肪	400
			肝	300
			肾	400
			皮	400
		禽	肌肉	100
			脂肪	200
			肝	300
			肾	500
			皮	200
二硝托胺 Zoalene	Zoalene+Metabolite 总量	鸡	肌肉	3 000
			脂肪	2 000
			肝	6 000
			肾	6 000
		火鸡	肌肉	3 000
			肝	3 000

三、允许作治疗用，但不得在动物性食品中检出的药物

药物名称	标志残留物	动物种类	靶组织
氯丙嗪 Chlorpromazine	Chlorpromazine	所有食品动物	所有可食组织
地西泮（安定）Diazepam	Diazepam	所有食品动物	所有可食组织
地美硝唑 Dimetridazole	Dimetridazole	所有食品动物	所有可食组织

（续）

药物名称	标志残留物	动物种类	靶组织
苯甲酸雌二醇 Estradiol Benzoate	Estradiol	所有食品动物	所有可食组织
潮霉素 B Hygromycin B	Hygromycin B	猪/鸡 鸡	可食组织 蛋
甲硝唑 Metronidazole	Metronidazole	所有食品动物	所有可食组织
苯丙酸诺龙 Nadrolone Phenylpropionate	Nadrolone	所有食品动物	所有可食组织
丙酸睾酮 Testosterone Propinate	Testosterone	所有食品动物	所有可食组织
塞拉嗪 Xylzaine	Xylazine	产奶动物	奶

四、禁止使用的药物，在动物性食品中不得检出

药物名称	禁用动物种类	靶组织
氯霉素 Chloramphenicol 及其盐、酯（包括琥珀氯霉素 Chloramphenicol Succinate）	所有食品动物	所有可食组织
克仑特罗 Clenbuterol 及其盐、酯	所有食品动物	所有可食组织
沙丁胺醇 Salbutamol 及其盐、酯	所有食品动物	所有可食组织
西马特罗 Cimaterol 及其盐、酯	所有食品动物	所有可食组织
氨苯砜 Dapsone	所有食品动物	所有可食组织
己烯雌酚 Diethylstilbestrol 及其盐、酯	所有食品动物	所有可食组织
呋喃它酮 Furaltadone	所有食品动物	所有可食组织
呋喃唑酮 Furazolidone	所有食品动物	所有可食组织
林丹 Lindane	所有食品动物	所有可食组织
呋喃苯烯酸钠 Nifurstyrenate Sodium	所有食品动物	所有可食组织
安眠酮 Methaqualone	所有食品动物	所有可食组织
洛硝达唑 Ronidazole	所有食品动物	所有可食组织
玉米赤霉醇 Zeranol	所有食品动物	所有可食组织
去甲雄三烯醇酮 Trenbolone	所有食品动物	所有可食组织
醋酸甲孕酮 Mengestrol Acetate	所有食品动物	所有可食组织
硝基酚钠 Sodium Nitrophenolate	所有食品动物	所有可食组织
硝呋烯腙 Nitrovin	所有食品动物	所有可食组织

（续）

药物名称	禁用动物种类	靶组织
毒杀芬（氯化烯）Camahechlor	所有食品动物	所有可食组织
呋喃丹（克百威）Carbofuran	所有食品动物	所有可食组织
杀虫脒（克死螨）Chlordimeform	所有食品动物	所有可食组织
双甲脒 Amitraz	水生食品动物	所有可食组织
酒石酸锑钾 Antimony Potassium Tartrate	所有食品动物	所有可食组织
锥虫砷胺 Tryparsamile	所有食品动物	所有可食组织
孔雀石绿 Malachite green	所有食品动物	所有可食组织
五氯酚酸钠 Pentachlorophenol Sodium	所有食品动物	所有可食组织
氯化亚汞（甘汞）Calomel	所有食品动物	所有可食组织
硝酸亚汞 Mercurous Nitrate	所有食品动物	所有可食组织
醋酸汞 Mercurous Acetate	所有食品动物	所有可食组织
吡啶基醋酸汞 Pyridyl Mercurous Acetate	所有食品动物	所有可食组织
甲基睾丸酮 Methyltestosterone	所有食品动物	所有可食组织
群勃龙 Trenbolone	所有食品动物	所有可食组织

注：引自农业部公告第 235 号，2002 年。

名词定义：

1. 兽药残留［Residues of Veterinary Drugs］：指食品动物用药后，动物产品的任何食用部分中与所用药物有关的物质的残留，包括原型药物或/和其代谢产物。

2. 总残留［Total Residue］：指对食品动物用药后，动物产品的任何食用部分中药物原型或/和其所有代谢产物的总和。

3. 日允许摄入量［ADI：Acceptable Daily Intake］：是指人一生中每日从食物或饮水中摄取某种物质而对健康没有明显危害的量，以人体重为基础计算，单位：微克每千克体重每天［μg/（kg·d)］。

4. 最高残留限量［MRL：Maximum Residue Limit］：对食品动物用药后产生的允许存在于食物表面或内部的该兽药残留的最高量/

浓度（以鲜重计，表示为 μg/kg）。

5. 食品动物［Food-Producing Animal］：指各种供人食用或其产品供人食用的动物。

6. 鱼［Fish］：指众所周知的任一种水生冷血动物。包括鱼纲（Pisces）、软骨鱼（Elasmobranchs）和圆口鱼（Cyclostomes），不包括水生哺乳动物、无脊椎动物和两栖动物。但应注意，此定义可适用于某些无脊椎动物，特别是头足动物（Cephalopods）。

7. 家禽［Poultry］：包括鸡、火鸡、鸭、鹅、珍珠鸡和鸽在内的家养的禽。

8. 动物性食品［Animal Derived Food］：全部可食用的动物组织以及蛋和奶。

9. 可食组织［Edible Tissues］：全部可食用的动物组织，包括肌肉和脏器。

10. 皮＋脂［Skin with Fat］：指带脂肪的可食皮肤。

11. 皮＋肉［Muscle with Skin］：一般特指鱼的带皮肌肉组织。

12. 副产品［Byproducts］：除肌肉、脂肪以外的所有可食组织，包括肝、肾等。

13. 肌肉［Muscle］：仅指肌肉组织。

14. 蛋［Egg］：指家养母鸡的带壳蛋。

15. 奶［Milk］：指由正常乳房分泌而得，经一次或多次挤奶，既无加入也未经提取的奶。此术语也可用于处理过但未改变其组分的奶，或根据国家立法已将脂肪含量标准化处理过的奶。

一、二、三类疫病中涉及鸭的疫病*

一类动物疫病

高致病性禽流感

二类动物疫病

鸭瘟、鸭病毒性肝炎、鸭浆膜炎、禽霍乱、低致病性禽流感、禽网状内皮组织增殖症

三类动物疫病

禽结核病

* 引自农业部公告第1125号。

兽药使用政策法规目录

1. 中华人民共和国动物防疫法（1997 年 7 月 3 日第八届全国人民代表大会常务委员会第二十六次会议通过，1997 年 7 月 3 日中华人民共和国主席令第八十七号公布；2007 年 8 月 30 日第十届全国人民代表大会常务委员会第二十九次会议修订，2007 年 8 月 30 日中华人民共和国主席令第七十一号修订公布）

2. 兽药管理条例（2004 年 4 月 9 日国务院令第 404 号公布，2014 年 7 月 29 日国务院令第 653 号部分修订，2016 年 2 月 6 日国务院令第 666 号部分修订）

3. 动物性食品中兽药最高残留限量标准（中华人民共和国农业部公告第 235 号）

4. 农业部关于印发《饲料药物添加剂使用规范》的通知（农牧发［2001］20 号）

5. 禁止在饲料和动物饮水中使用的药物品种目录（农业部、卫生部、国家药品监督管理局公告 2002 年第 176 号）

6. 食品动物禁用的兽药及其他化合物清单（中华人民共和国农业部公告第 193 号）

7. 部分兽药品种的休药期规定（中华人民共和国农业部公告第 278 号）

8. 农业部关于清查金刚烷胺等抗病毒药物的紧急通知（农医发

[2005] 33 号)

9. 淘汰兽药品种目录(中华人民共和国农业部公告第 839 号)

10. 禁止在饲料和动物饮水中使用的物质(中华人民共和国农业部第 1519 号)

11. 兽用处方药品种目录(第一批)(中华人民共和国农业部公告第 1997 号)

12. 兽用处方药品种目录(第二批)(中华人民共和国农业部公告第 2471 号)

13. 乡村兽医基本用药目录(中华人民共和国农业部公告第 2069 号)

14. 关于禁止在食品动物中使用洛美沙星等 4 种原料药的各种盐、脂及各种制剂的公告(中华人民共和国农业部公告第 2292 号)

15. 禁止非泼罗尼及相关制剂用于食品动物(中华人民共和国农业部公告第 2583 号)

16. 关于停止喹乙醇、氨苯胂酸、洛克沙胂用于食品动物的公告(中华人民共和国农业部公告第 2638 号)

17. 农业部关于印发《2018 年国家动物疫病强制免疫计划》的通知(2018 年 1 月 16 日)

参 考 文 献

艾地云，2009. 兽医全攻略・鸭病［M］. 北京：中国农业出版社.

陈伯伦，2008. 鸭病［M］. 北京：中国农业出版社.

陈立功，2015. 家庭农场蛋鸡兽医手册［M］. 北京：中国农业科学技术出版社.

陈溥言，2015. 兽医传染病学［M］. 第6版. 北京：中国农业出版社.

崔恒敏，2007. 禽类营养代谢疾病病理学［M］. 成都：四川科学技术出版社.

崔恒敏，2008. 鸭病诊疗原色图谱［M］. 北京：中国农业出版社.

刁有祥，2016. 鸭鹅病防治及安全用药［M］. 北京：化学工业出版社.

方祥福，2004. 樱桃谷种鸭念珠菌病的诊治［J］. 福建畜牧兽医，4（26）：28.

傅先强，石满仓，2003. 蛋鸡饲养管理与疾病防治技术［M］. 北京：中国农业大学出版社.

傅有丰，1994. 黄曲霉毒素中毒［J］. 饲料博览（2）：19－21.

顾进华，2017. 中兽药在动物养殖中的应用及发展趋势研究［J］. 中国兽药杂志，51（5）：57－62.

郭世宁，刘天龙，李守军，等，2006. 中药复方口服液体外抗禽流感病毒作用的研究［J］. 中国兽医杂志（7）：41－43.

郭玉璞，王惠民，2009. 鸭病防治［M］. 第4版. 北京：金盾出版社.

何本初，罗家荣，2017. 鸭绦虫病的科学诊治［J］. 畜牧兽医科技信息（4）：106.

贺常亮，付本懂，韦旭斌，等，2008. 防治鸡大肠杆菌病方剂统计分析［J］. 中兽医医药杂志（3）：74－76.

胡功政，邱银生，2010. 家禽常用药物及其合理使用［M］. 郑州：河南科学技术出版社.

胡延魏，姜永良，吕伟，等，1998. 雏鸭食盐中毒［J］. 中国兽医杂志，24

(2)：29－30.

纪知刚，2017. 鸭球虫病的有效防治 [J]. 当代畜牧 (5)：91－92.

江滨，黎朝生，吴胜会，等，2014. 三种常见鸭杯叶吸虫病的鉴别诊断 [J]. 福建畜牧兽医 (4)：51－53.

江馗语，郭首龙，2014. 中兽药在畜禽病毒性传染病中的应用及发展前景 [J]. 现代畜牧兽医 (2)：55－58.

李桂芹，2005. 鸭啄癖的原因与防治 [J]. 养禽与禽病防治 (9)：21－22.

李巧云，2007. 鸭中暑的防与治 [J]. 江西饲料 (3)：45.

林芬，2010. 鸭曲霉菌病的诊治 [J]. 福建农业 (11)：31.

林华成，2013. 肉用种鸭饲养管理与疾病防治 [M]. 合肥：安徽科学技术出版社.

林琳，江斌，吴胜会，等，2011. 杯叶吸虫属一新种——盲肠杯叶吸虫 (*Cyathocotyle caecumalis* sp. nov) 的研究初报 [J]. 福建农业学报 (2)：184－188.

凌丹，2015. 鸭光过敏症的病例报告 [J]. 中国畜牧兽医文摘，31 (6)：194.

刘建柱，张兴晓，2014. 养殖场兽医处方药速查手册 [M]. 北京：中国农业出版社.

刘再超，2013. 肉鸭中暑诊治 [J]. 云南畜牧兽医 (6)：15.

陆承平，2013. 兽医微生物学 [M]. 第5版. 北京：中国农业出版社.

马永华，2001. 禽痛风的病因及治疗 [J]. 养禽与禽病防治 (4)：23.

潘伟华，陈志华，2007. 高邮麻鸭绦虫病的临床诊治 [J]. 现代农业科技 (5)：92.

任曙光，高存福，康桂英，等，2005. 鸭棘口吸虫病的诊治报告 [J]. 中国家禽，27 (8)：28.

苏敬良，黄瑜，胡薛英，2016. 鸭病学 [M]. 北京：中国农业出版社.

佟建明，2015. 现代高效蛋鸡养殖实战方案 [M]. 北京：金盾出版社.

汪伟明，王跃明，李万冬，等，2009. 氯硝柳胺对家鸭毒性的实验观察 [J]. 热带病愈寄生虫学，7 (2)：107－108.

王勇，赵红梅，2015. 吡喹酮对雏鸭体内毛毕属吸虫作用的观察 [J]. 水禽世界 (1)：32－34.

吴清民，2002. 兽医传染病学 [M]. 北京：中国农业大学出版社.

吴荣富，1997. 家禽肉毒毒素中毒 [J]. 禽业科技，13 (8)：42-43.

徐海军，左瑞华，夏伦斌，等，2015. 半番鸭盲肠杯叶吸虫急性感染的诊治 [J]. 黑龙江畜牧兽医 (22)：111-112.

许剑琴，2001. 中兽医方剂精华 [M]. 北京：中国农业出版社.

薛志成，2000. 鸭食盐中毒的治疗 [J]. 中兽医学杂志 (1)：45.

姚文华，李杨，向极钎，等，2017. 中兽药饲料添加剂在动物生产中的应用与展望 [J]. 家畜生态学报，38 (4)：75-78.

余小东，王彦，2011. 黄曲霉毒素中毒的毒理作用及防控措施 [J]. 浙江畜牧兽医 (6)：11-13.

张保华，蒋佑大，陶珀，等，1984. 丙硫苯咪唑驱除鹅、鸭绦虫的试验 [J]. 中国兽医杂志 (5)：24-25.

张伟，聂兴泽，2017. 禽伤寒的流行、诊断和中药方剂防治 [J]. 现代畜牧科技 (8)：68.

张秀美，2016. 肉鸭标准化养殖教程 [M]. 济南：山东科学技术出版社.

赵茹茜，2011. 动物生理学 [M]. 北京：中国农业出版社.

中国兽药典委员会，2016. 中华人民共和国兽药典（二部）[M]. 北京：中国农业出版社.

中国兽药典委员会，2016. 中华人民共和国兽药典（一部）[M]. 北京：中国农业出版社.

中国兽药典委员会，2011. 中华人民共和国兽药典兽药使用指南（化学药品卷）[M]. 北京：中国农业出版社.

中国兽医药品监察所，2015. 兽药产品说明书范本（化学药品卷）[M]. 北京：中国农业出版社.

中人民共和国农业部，2002. 动物性食品中兽药最高残留限量 [EB]. 中华人民共和国农业部公告第 235 号.

朱保林，张永乐，刘运才，等，2003. 青年鸭痛风 [J]. 中国家禽，25 (1)：25.